# 圖解生理學

成分解析
以及採訪內幕
大公開

田中越郎 著

蕭珮妤 譯

晨星出版

[漫畫]
高橋ナッツ

# 前言

　　自然科學，也有人稱為理科，大致上可分為化學、物理學、生物學、地球科學。十九世紀是化學最蓬勃發展的世紀，而二十世紀則可說是物理學的世紀。有人認為，二十一世紀會是生物學的世紀，二十二世紀是地球科學的世紀。我認為，在二十一世紀，生物學最大的目標會是了解人體的功能，而人體功能的基礎就是生理學。

　　本書專為剛開始學習生理學的人撰寫，以簡明易懂，並且輕鬆愉快的方式進行解說。而且不光是要讓讀者理解知識，而是進一步激發讀者求知的好奇心，並且喜歡上生理學，以此為目標向各位讀者進行說明。

　　本書分為兩部分，第一部分摘要生理學的重點，第二部分則是一些有趣的內容。放入第二部分的內容，主要目的在於讓讀者「愛上」生理學，而不是一般傳統的生理學概念。

　　撰寫本書的過程十分愉快，特別要感謝的是高橋奈小姐提供原創點子與有趣的漫畫、東海大學多位老師大方提供合適的照片、東海大學田中牧惠講師幫忙我撰稿、講談社 Scientific 國友奈緒美小姐辛苦地進行出版企劃，以及其他許多人的協助，在此向各位致上謝意。書中也有一些 X 光照片來自我本身參與的經濟產業省 NEDO 研究計畫。此計畫與國立循環系統疾病中心、NHK、濱松光電、高能量加速器研究所、高亮度光科學研究中心、東海大學等單位共同進行研究，一併感謝這些單位的各位同仁。

　　各位讀者如果感覺本書說明不夠詳細，還想進一步探討，歡迎繼續閱讀我的另一本拙著《看插畫學生理學》（醫學書院出版），一定能讓您更加愛上生理學。

　　2003 年 6 月

　　　　　　　　　　　　　　　　　　　　　　　　　田中越郎

圖 解 生 理 學
# contents
目次

# 第1部分　人體生理學

# 第 2 部分　臨床生理學

# 漫畫人物介紹

[田中一家人]

媽媽　爸爸　哥哥（惣一郎）　弟弟（健次）

妹妹　狗狗（帕夫洛夫）
（友紀）

## ●介紹經常出現在本書中的田中一家人

**爸爸**…職業將棋手。外表看起來好像有點呆呆的，但卻比別人都更能注意到周遭的狀況。最近運動不
足有點變胖了。

**媽媽**…生理學家，同時也是婦產科醫師。邏輯清晰、個性認真。很喜歡喝酒。

**哥哥（惣一郎）**…醫學系學生。長得還蠻帥的，不用父母特別關照，總是能讓父母放心。

**弟弟（健次）**…高中生，興趣是鍛鍊肌肉。十分了解與訓練有關的知識。和友紀是異卵雙胞胎。

**妹妹（友紀）**…高中生，喜歡散步。外表很文靜，實際上是運動健將。與
健次是異卵雙胞胎。

**狗狗（帕夫洛夫）**…西伯利亞哈士奇犬。很聰明？

※這一家人是虛構的人物，除了帕夫洛夫（照片如圖）之外，與作者的家人完全
沒有任何關係。

# 第 1 部分

# 人 體 生 理 學

生理學的範疇非常廣泛，必須了解的知識非常多。
本書第一部分擷取其中最基本的重點項目進行介紹。

physiology **01**

### 血液是來自太古的海水

# 人體的水分

　　首先讓我們從人體中的水分談起，作為生理學簡介的開端。運動時會流汗，口渴時要喝水。我們體內的水分有什麼特性呢？回答這個問題之前，首先要介紹構成人體的細胞。

## ● 細胞的起源

　　很久很久以前，在地球上還沒有任何生物，接著突然有一天，生物就此誕生。這個生物誕生在哪裡呢？是誕生在海洋中。當時海水的成分與現在幾乎一樣，主要是氯化鈉（NaCl），但濃度比較低，可能只有大約 0.9%，而現在的海水是 3% 左右。

　　**➜ 古代海水的主成分是氯化鈉，濃度 0.9%。**

　　最早的生物由單一個細胞構成，也就是所謂的單細胞生物。細胞內部成分與周遭海水最大的差異是什麼呢？主要的差異是細胞內部液體的主成分是鉀離子（$K^+$），而海水的主成分則是鈉離子（$Na^+$）。第一個誕生的生物就像是裝著鉀溶液的袋子懸浮在鈉溶液中（圖1），兩種溶液的分界線是構成袋子的薄膜，稱為細胞膜。

　　**➜ 細胞內主要含有鉀離子，細胞外主要含有鈉離子。兩者的分界線是細胞膜。**

## ● 多細胞生物的起源

　　這些海中的生物，最後終於來到陸地上。對於原先一直待在海水中的細胞來說，周圍的海水全部換成了空氣，恐怕很難適應吧。請想像這些海中的生物帶著周圍的海水一起往陸地移動的樣子，牠們將海水包入

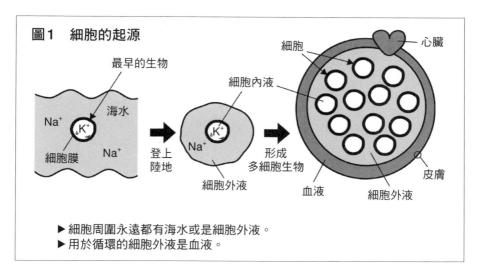

圖1　細胞的起源

▶ 細胞周圍永遠都有海水或是細胞外液。
▶ 用於循環的細胞外液是血液。

自己的體內。因此，登上陸地的生物體內具有細胞內與細胞外兩種液體。細胞內是以鉀離子為主的液體，而細胞外的體液則和古代的海水一樣，是以鈉離子為主的液體。而生物登上陸地的過程中，同時也伴隨著眾多細胞集合形成多細胞生物的演化過程，一樣具有細胞外液。多細胞生物就好像是一個裝著細胞外液的大袋子中裝著多個細胞。

　　➔ 細胞內含有細胞內液，細胞外有細胞外液。

　　將以上內容做個總結。細胞就像是裝著鉀溶液的小袋子，而多細胞生物是許多小袋子裝在充滿海水的大袋子中，海水的主成分是鈉離子。小袋子就是細胞膜，大袋子對人類來說就相當於皮膚。有了這個裝滿海水的大袋子，生物無論是在空氣、純水，或是現代濃度較濃的海水中，都可以存活。

　　➔ 不管在怎樣的環境中，生物的細胞四周都有著相同的細胞外液。

## ● 血液的起源

　　當生物演化成為多細胞生物之後，為了將氧氣、營養、廢物有效率地由近端的細胞運輸到遠端的細胞，其中一部分的細胞外液發展為循環。而用於循環中的細胞外液就是血液，血液中的鹽分比例和細胞外液

大致是相同的。

　　➡ **血液是用於循環的細胞外液，主成分為鈉離子。**

　　血液和細胞外液不同，必須有效率地運送氧氣、營養與廢物，血液中含有細胞外液中沒有的蛋白質和血球，可以提高運輸能力。換言之，血液就是細胞外液再加上蛋白質與血球。

　　➡ **血液＝細胞外液＋蛋白質＋血球**

## ● 鈉與鉀

　　接著讓我們討論細胞外液和細胞內液的成分差異。細胞外液中的鈉離子較多，但細胞內則幾乎沒有。分隔細胞內外的細胞膜上，具有許多微小的間隙，用比喻來說的話比較像很密的紗窗，而不是像塑膠袋一樣的材質（圖2），所以鈉離子這類微小的粒子可以順利的通過細胞膜。理論上，鈉離子應該會從濃度較高的細胞外液流入濃度較低的細胞內，事實上也是如此。但如果這樣的話，細胞中的環境就不會是鉀離子比較多了，這是因為細胞也會主動將流入細胞中的鈉離子排出細胞外。這個過程對於細胞來說是很吃重的工作，細胞使用的所有能量大約有三分之一是消耗在這上面。換言之，「細胞並不只是裝著鉀離子的袋子，而是有生命的」，證據就是鈉離子會被排出細胞外。相反地，細胞死亡之後就沒辦法將流入的鈉離子排到細胞外，造成鈉離子累積在細胞中。

圖2　細胞膜

有紗窗過不去

紗窗（細胞膜）

▶ 細胞膜上有微小的孔洞。水分子和電解質離子這類小粒子可以通過，但蛋白質等較大的粒子則無法通過。這樣的薄膜稱為半透膜。

# 鈉離子幫浦訓練？

**1**

惣一郎（長男）正在約會

**2**

哇，那艘船划得好快。超級快。

雖然是手工自製的

咦，那不是我弟嗎？怎麼會？

**3**

啊，好像漏水了。沒問題吧？

真的耶。

**4**

不用去幫他嗎？

我想他應該是在做模仿鈉離子幫浦的健身訓練吧。

細胞會使用能量將流入細胞內的鈉離子不斷排出細胞外。將鈉離子排出的構造稱為鈉離子幫浦。健次也像鈉離子幫浦一樣不斷努力將流到船裡面的水舀出船外，至於是刻意的還是意外，就只有他自己知道了。

　　**➡ 活細胞會不斷將鈉離子排出細胞外。**

　　前一段說明時只有提到鈉離子，實際上細胞排出鈉離子的時候，同時也會將鉀離子吸收到細胞內。也就是說不光是排出鈉離子，更精確的描述是交換鈉離子與鉀離子，最後維持細胞內的鈉離子濃度低、鉀離子濃度高。

　　**➡ 細胞會以交換鈉離子和鉀離子的方式，將鈉離子排到細胞外。**

　　提高細胞內的鉀離子濃度有什麼好處呢？最大的重點是可以製造細胞內外的電位差。肌肉收縮或是神經興奮的機制，全部都來自電位差的

高低變化。也就是說，肌肉細胞和神經細胞會藉由將鈉、鉀、鈣離子送出或送入細胞，產生肌肉收縮或神經興奮。

➡ **肌肉細胞與神經細胞藉由離子的進出產生收縮或興奮。**

## ● 脫水

體內水分不足的狀態稱為脫水。人體中的水分可分為細胞內液和細胞外液，脫水也可分為細胞內液的水分不足或是細胞外液的水分不足兩種。血液之中當然也有水分，在探討脫水時，可暫時先將血液視為細胞外液來討論。

➡ **體內水分不足的狀態稱為脫水。**

細胞內液不足，也就是全身細胞內的水分不足。皮膚細胞的水分不足時，皮膚會乾裂。水分攝取的調節是由腦細胞負責，當這些腦細胞中的水分不足時，我們就會感覺到口渴。細胞外液不足時，血壓（p.72）會降低，類似於大量出血的情況。實際上發生脫水時，通常細胞內液和細胞外液都會不足，只是減少的程度上有差異。治療脫水的方式是補充水分，視情況而定，有時不光是要補充水分，還要同時給予鹽分。

➡ **脫水可分為細胞內液不足或細胞外液不足。**

如果不幸遇難漂流在太平洋上，感覺口渴的時候可以直接喝海水嗎？讓我們看看喝了海水會發生什麼事。喝下的海水首先會混入細胞外液，海水鹽分的濃度大約是細胞外液的三倍。將三倍濃的液體加入細胞外液中，會讓細胞外液的鹽分濃度升高，使得細胞內的水分被拉到細胞外。因此細胞內液的水分反而會減少，感覺更渴。換句話說，口渴的時候喝海水反而會造成反效果。這就跟攝取過量鹽分會造成口渴是一樣的道理。

➡ **喝海水會讓細胞內的脫水更加嚴重，感覺更渴。**

physiology **02**

骨骼製造血液～血液 1

# 血球的種類與功能

## ●血液的成分

血液可以說是細胞外液的好兄弟（p.11），但是血液還具有許多細胞外液沒有的功能，是細胞外液再加上蛋白質與血球。血液的功能包括運輸、免疫、止血等作用。由血液負責運輸的物質包括氧氣、營養、廢物，此外還能運輸熱能。

　　➡ **血液＝細胞外液＋蛋白質＋血球**

血球也就是血液中的細胞，有紅血球、白血球、血小板三大類。紅血球大約占血液容積的 40 ～ 50%，換句話說，血液中的液體（非血球的部分）大約只占整體的 50 ～ 60%，所以血液非常的黏稠，而且很容易凝固。血液的液體成分稱為血漿，血漿也就是細胞外液加上大量的蛋白質。

各位可以想像在量筒之中加入 55 毫升的水，再倒入彈珠直到液面到達 100 毫升為止的樣子（圖 1）。水就相當於血漿，彈珠相當於血球。

　　➡ **血液＝血漿＋血球，血漿＝細胞外液＋蛋白質**

## ●血液中的細胞：血球

接著讓我們先從血球開始探討。製造血球的過程稱為造血，而血球是由骨髓產生的。形狀扁平（扁平骨）與細長的骨頭（長骨）可以造血（圖 2）。具有代表性的扁平骨包括骨盆與胸骨，長骨的代表則是股骨等手腳的骨頭。造血機能旺盛的扁平骨，骨髓會呈現紅色。而手腳骨骼

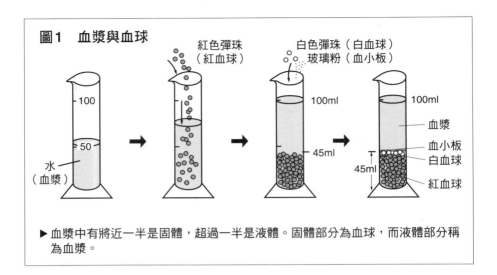

**圖1　血漿與血球**

紅色彈珠
（紅血球）

白色彈珠（白血球）
玻璃粉（血小板）

100

50

水
（血漿）

100ml

45ml

100ml

45ml

血漿

血小板
白血球

紅血球

▶ 血漿中有將近一半是固體，超過一半是液體。固體部分為血球，而液體部分稱為血漿。

比較少進行造血，骨髓會被脂肪取代，因此呈現黃色。以骨髓進行白血病（p.20）等疾病的檢查時，會將針刺入胸骨或骨盆（髂骨）中，採出裡面的骨髓。順帶一提，雖然原因不明，但癌症轉移至骨骼時通常會轉移至扁平骨，而骨肉瘤這種骨癌則通常發生在長骨。將骨骼分為這兩類有助於學習。

**➡ 骨髓負責造血。**

血球可分為紅血球、白血球、血小板等三大類，而其中絕大多數是紅血球，可以說幾乎所有的血球都是紅血球。全部的血球都來自血液幹細胞這單一種細胞（圖3）。血液幹細胞接受到

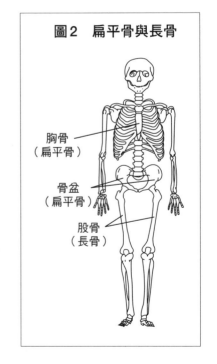

**圖2　扁平骨與長骨**

胸骨
（扁平骨）

骨盆
（扁平骨）

股骨
（長骨）

特定指令時就會變成紅血球，接收到另一種指令則會變成白血球。血液幹細胞轉變成紅血球等細胞的過程稱為分化（p.156）。體內負責傳遞

分化指令的物質稱為細胞激素。能讓幹細胞分化為紅血球的細胞激素稱為紅血球生成素。

➜ **紅血球、白血球、血小板等所有的血球都來自血液幹細胞。**

## ●紅血球

　　紅血球不是球形，而是中間凹陷的圓盤狀。這樣的形狀可以增加紅血球的表面積，提高擷取氧氣的效率。扁平的形狀也比球體容易通過微血管。紅血球長邊的直徑大約是 7.5 μm

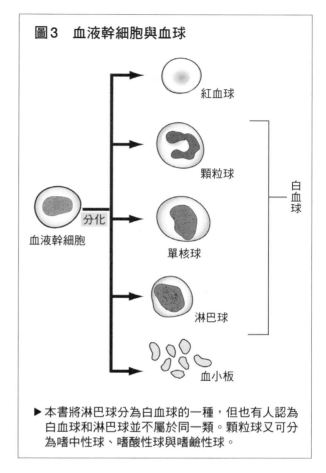

**圖3　血液幹細胞與血球**

血液幹細胞

分化

紅血球

顆粒球

單核球

淋巴球

血小板

白血球

▶本書將淋巴球分為白血球的一種，但也有人認為白血球和淋巴球並不屬於同一類。顆粒球又可分為嗜中性球、嗜酸性球與嗜鹼性球。

（微米），微血管的內徑則大約是 5 μm（1 μm 是 1mm 的一千分之一）。

➜ **紅血球的形狀表面積大，容易變形。**

　　紅血球的作用是搬運氧氣。直接捕捉氧氣的是血紅素這種蛋白質，而紅血球就像是裝著血紅素的袋子。由於有血紅素的關係，血液容納氧氣的能力可提高到水的 70 倍左右。因為血紅素是紅色的，所以血液才會呈現紅色。將紅血球從血液中去除後，血液就會變成淡黃色。

➜ **紅血球是裝著血紅素的袋子。**

紅血球中沒有細胞核[1]。在骨髓中增生分化出來的紅血球（此時實際上尚未完成，不能稱為真正的紅血球），最後會去除細胞核後再離開骨髓進入血液中。由於沒有細胞核，所以無法繼續分裂增生，因此紅血球只能使用一次，壽命大約是120天，壽命終了的紅血球會在脾臟被破壞。身體會消耗大量的血球，骨髓也會非常活躍地不斷進行細胞的分裂增生。

➡ **紅血球是沒有細胞核的細胞。**

血紅素中含有血基質與珠蛋白，血基質是一種含有鐵的色素，珠蛋白是蛋白質。紅血球壽命終了時，會在脾臟被破壞，將鐵和珠蛋白重複循環再利用。而血基質色素除了鐵以外的成分則會被代謝，形成膽紅素，從肝臟經由膽汁排出。膽紅素為咖啡色，因此膽汁也會呈現咖啡色、糞便也是咖啡色的。也就是說，糞便的顏色來自於血紅素中的色素。當某些原因造成血中的膽紅素增加，會讓皮膚也呈現咖啡色，這種病徵稱為黃疸（p.41）。

➡ **糞便的顏色來自血液。**

鐵是形成血紅素不可或缺的原料。缺乏鐵時，身體無法製造足夠的血紅素，就會造成貧血。人體可以將鐵完全循環再利用，因此健康的成年男性就算不特別注意攝取鐵質也不會缺鐵。但是女性因為月經出血的關係，因此容易產生缺鐵性貧血，尤其是孕婦或是發育中的兒童，因為血液量增加，所以必須補充鐵。多餘的鐵質會儲存在肝臟中，所以肝臟是富含鐵質的食物之一。菠菜等蔬果的鐵質含量雖然很高，但是可吸收的比例很低，因此想要補充鐵質時，還是肝臟的效果比較好。胃中的鹽酸會讓鐵質變成可被人體吸收的形式，所以接受過胃切除手術的人容易發生缺鐵性貧血。

➡ **肝臟負責儲存鐵。**

---

1　細胞核位於細胞中，裡面充滿了核酸。核酸可分為DNA和RNA。DNA就像是細胞進行生命活動的指揮所。

## ●白血球

　　接著來看看白血球。血液中的白血球數量只有紅血球數量的五百分之一以下，相當的少。白血球分為嗜中性球、嗜酸性球、嗜鹼性球、單核球、淋巴球等五種。一開始可以先熟悉嗜中性球、淋巴球，還有單核球。

　　嗜中性球平常儲存在骨髓中，當細菌等外來物質侵入體內時就會一口氣全體出動，供給大量的白血球。

　　➜ **白血球儲存於體內，需要時可迅速進入血液中。**

　　細菌侵入人體時，嗜中性球可以自行移動到有細菌的地方，接著將細菌吃掉之後殺死，也就是具有「移動、吞噬、殺死」三種作用。嗜中性球會使用活性氧（p.197）殺死細菌。細菌一般位於血管外側，嗜中性球會順著血流來到細菌附近，再經由血管壁的縫隙穿出，彷彿有眼睛能看得見一樣，以阿米巴原蟲活動的方式朝著細菌移動。嗜中性球離開血管之後就無法再回到血管內。膿就是吞噬細菌後死亡的嗜中性球遺骸。嗜中性球就是這樣與細菌玉石俱焚，保衛我們的身體。

　　單核球會進入肺臟或肝臟等組織中，停留在裡面變成巨噬細胞。巨噬細胞幾乎不會離開所在的位置，但是吞噬細菌的能力優於嗜中性球。

　　➜ **膿是吞噬細菌後死亡的嗜中性球遺骸。**

　　白血球和紅血球一樣，都是來自骨髓中的血液幹細胞。幹細胞接收到分化成嗜中性球的指令（也就是細胞激素）之後，就會分化成嗜中性球，接收到分化為淋巴球的指令就會分化成淋巴球。剛由骨髓產生的淋巴球還不具有發揮作用的能力，必須先接受訓練。其中一個「訓練所」是位於心臟前方的胸腺。在胸腺（Thymus）完成訓練的淋巴球稱為T淋巴球或T細胞。在其他部位接受訓練的淋巴球則稱為B淋巴球或B細胞。目前我們只知道鳥類體內訓練B細胞的位置，但人類的還不清楚。關於T細胞與B細胞的功能，會在「04 免疫的機制（p.28）」中說明。

　　➜ **淋巴球必須先接受訓練，接著形成T細胞或B細胞。**

　　在骨髓中，同時存在著淋巴球至嗜中性球等分化程度各異的白血球，此外還有尚未成熟與已經成熟等成熟度各異的白血球[2]。也就是說，骨髓中同時具有各式各樣的白血球。

　　白血病這種疾病是白血球細胞「癌化」的疾病。骨髓中具有分化程度與成熟度各異的白血球，這些白血球都可能癌化，而白血病也隨著源頭白血球的分化程度與成熟度而具有各種不同的種類，治療方式也各有不同。大部分的白血病是血液中的白血球數增加，但也可能會減少。白血病的定義並不是「白血球增加的疾病」，而是「白血球癌化的疾病」，要小心不要誤解了。

➡ 白血病只是一種統稱，可隨著白血球細胞的種類不同，而分為許多不同的種類。

**MEMO**　白血病的分類法

白血病有許多不同的種類，目前國際上採取統一的分類方法。但是這種方式來自法國、美國、英國，並沒有日本的學者參與。希望日本的血液學家能再多加油。

## ●血小板

　　接下來是第三種血球，也就是血小板（圖4）。血液幹細胞接收到指令之後，可以分化成巨核球這種巨大的細胞。巨核球細胞質的其中一部分會在骨髓中碎裂形成血小板。血小板可說是長約 $1 \sim 3\,\mu m$ 的細胞碎片。血小板也沒有細胞核，不能分裂增生，但仍然是有生命的細胞。血小板的粘性很高，當血管破裂時，大量血小板會附著在破裂的部位阻止出血。關於血液凝固的後續內容，我們之後（p.26）會再討論。

➡ 血小板是細胞質的碎片，具有止血的作用。

---

2　關於細胞的「分化、成熟」，請參閱第156頁。

圖4　血小板的電子顯微鏡照片

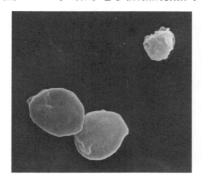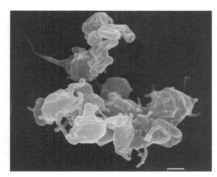

左：一般的血小板　右：血液凝固時的血小板（圖片由東海大學清水美衣博士提供）

## ●血型

　　什麼是血型呢？所有的細胞表面都帶有辨識自我身分的記號，如同辨識自己細胞的身分證。因此移植器官時才會產生排斥反應，無法直接融入體內。但是只有紅血球上的記號比較少，臨床上會造成問題的只有A和B（和Rh）。因此只要ABO血型相同時就可以輸血。如果把血液也當作一種器官，那麼輸血實際上也完全符合器官移植的定義。

　　➡輸血也可說是移植紅血球。

　　紅血球表面同時具有A和B兩種記號時就是AB型，不帶有任何記號就是O型。另一種記號是Rh，有這個記號就稱為Rh陽性，沒有則是Rh陰性的紅血球。輸血時ABO血型和Rh血型都必須一致。另外，各位是否相信血型會影響個性的說法呢？可惜的是血型與個性的關聯始終只是假說，在醫學上尚未獲得證實。

　　➡輸血時血型必須一致。

physiology **03**

將凝固的血液再度溶解～血液 2

# 血液的液體成分

## ●血漿

　　血漿是血液中液體的部分，相當於在細胞外液中加上大量的蛋白質（p.15）。血漿中的蛋白質，依照性質可以分為兩大類（白蛋白與球蛋白）。白蛋白這個類別中，以血清白蛋白這種蛋白質占絕大多數，因此血清白蛋白也經常直接被稱為「白蛋白」，也就是白蛋白這個名詞可能是類別的總稱，也可能是單一種蛋白質的名稱。血漿中的蛋白質有一半以上是白蛋白（正確來說是血清白蛋白）。另一個類別球蛋白則有許多不同種類的蛋白質，最具有代表性的是免疫反應中的主角─抗體（又稱為免疫球蛋白，p.29）。

　　➡ 血漿的蛋白質有一半以上是白蛋白。

　　血漿中實際上含有大量脂肪。脂肪本身完全無法溶於水。不溶於水的脂肪如果直接存在血液中，就會塞住血管，造成非常嚴重的後果。因此血液中的脂肪必須維持在可溶於水的狀態。舉牛奶為例子，各位可以看看牛奶的包裝，上面會記載著乳脂肪比例3.6%之類的數字，表示牛奶中也含有蠻多的脂肪。但即使將牛奶靜置一段時間，脂肪也幾乎不會分層浮到液體表面，這就表示這些脂肪是溶於水中的。其中的秘密就是有一層蛋白質包裹著脂肪，藉由蛋白質的作用溶於水中（類似清潔劑可以將油污溶解在水中的原理）。血液也是一樣的，血漿中含有可以和脂肪結合的蛋白質，這些蛋白質與脂肪結合後，脂肪就會變成可溶的狀態。血液與脂肪的關係請繼續參閱〈07 膽固醇（p.46）〉。

# 鈉離子幫浦訓練？

這場演唱會如果是男性單獨一人參加會很突兀，但是爸爸陪著女兒來看就可以融入環境中。脂肪也是，和蛋白質結合後就可以溶解在水中。

➡ **脂肪與蛋白質結合後溶於血漿中。**

　　除了脂肪之外，還有非常多的物質是以和蛋白質結合的形式存在於血漿中。這是因為這些物質必須被運送到體內的其他地方，但如果直接釋放到血液中會造成不好的影響，所以不能直接釋出。為了確保安全，人體的策略方針就是用血漿的蛋白質將這些物質包裹起來。舉例來說，鐵質就是如此，在血液中的鐵質一定是呈現與蛋白質結合的狀態。

➡ **血漿中的蛋白質也具有運輸的作用。**

## ● 滲透壓

　　接著讓我們來探討滲透壓。滲透壓的概念可能稍微有些難以理解，如果真的看不懂的話，跳過這一段也是沒有關係的。

　　讓我用食鹽水和水來說明。假設用一層薄膜分隔食鹽水與水，如果薄膜上沒有任何孔洞，那麼當然什麼事都不會發生。但是如果薄膜上有微小的孔洞，那麼兩邊的液體會趨向變成相等的濃度，因此食鹽水中的鈉離子會往水的方向移動，而水中的水分子也會往食鹽水的方向移動。這種移動的力量就稱為滲透壓。水分子的大小和鈉分子（此時是離子的狀態）幾乎相同，都非常的微小。

　　**➡ 滲透壓來自粒子移動的力量。**

　　如果不是食鹽水，而改用蛋白質溶液和水時，又會怎麼樣呢？相較於水分子和鈉離子，蛋白質的分子非常大。以分子量來說，水是18、鈉是23，但是蛋白質中的白蛋白分子量卻高達69000。（如果對於分子量的數字沒有概念，可以想成白蛋白分子和水分子或鈉離子的大小是屬於完全不同等級就可以了。）

　　**➡ 白蛋白分子和水分子或鈉離子的大小是屬於完全不同等級。**

　　以具有微小孔洞的薄膜將白蛋白溶液和水隔開，之後靜置。這些孔洞非常小，水分子和鈉離子可以通過，但是白蛋白無法通過。（具有只能讓小粒子通過的微小孔洞的薄膜，稱為半透膜。細胞膜（p.12）就是一種半透膜。）兩邊的溶液一樣會趨向達到相同的濃度，因此產生滲透壓。但是因為只有水可以通過孔洞，白蛋白不行，因此水分子會往白蛋白溶液的那一側移動。換言之，白蛋白會造成將水往自己的方向拉的拉力（圖1），可以說是白蛋白這種蛋白質產生的力。

　　**➡ 白蛋白可以產生將水拉近的拉力。**

　　蛋白質也可以說是一種膠體，蛋白質產生的滲透壓稱為「膠體滲透壓」。血液中所有的蛋白質都會產生膠體滲透壓，而血漿中占絕大多數的蛋白質是白蛋白，因此血液的膠體滲透壓主要來自白蛋白。

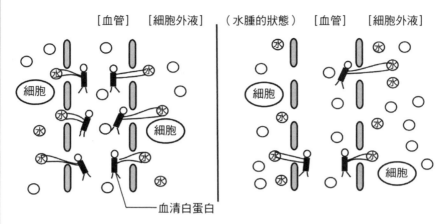

圖1　膠體滲透壓與水腫

[血管]　[細胞外液]　（水腫的狀態）　[血管]　[細胞外液]

細胞

細胞

血清白蛋白

▶ 血管內有白蛋白，會造成將血管外的水拉入血管的拉力。右圖表示當白蛋白的量減少時，對水的拉力不足，細胞外液的量會增加，因此造成水腫。

➡ 膠體滲透壓主要來自白蛋白。

　　讓我們再回顧一次細胞外液和血漿的差異。血漿就是細胞外液再加上蛋白質（尤其是白蛋白）。血管壁分隔了微血管（p.62）的內側與外側，血管壁上有微小的縫隙，水和鈉可以自由進出，但白蛋白無法通過（微血管的血管壁具有半透膜的性質）。因此血管外的水分（也就是細胞外液）會往血管內移動。換句話說，血管會將外側的水分往血管內拉，這種作用主要來自於白蛋白。

➡ 膠體滲透壓會讓細胞外液的水分往血管內移動。

　　各位知道腎臟不好的時候身體會水腫嗎？水腫是一種細胞外液增加的病徵。腎臟不好時，蛋白會隨著尿液被排出體外，讓身體好不容易製造出來的白蛋白流失。結果使得血漿中的白蛋白濃度降低，膠體滲透壓也降低，無法將水分拉入血管，造成水腫。肝臟不好的時候也會水腫，因為肝臟負責製造白蛋白，如果肝臟不好，就無法製造出足夠的白蛋白，結果造成膠體滲透壓降低，引起水腫。健康檢查會檢驗尿液中是否

有尿蛋白（p.82），藉此評估是否有腎臟疾病。

　　➡ 白蛋白濃度降低會造成水腫。

## ●凝血

　　抽出血液放在試管中靜置幾分鐘之後就會凝固，這種現象稱為凝血，是血漿中多種凝血因子產生作用的結果。凝血因子一般處於未活化的狀態（無法直接發揮作用的狀態）。當遇到受傷等身體必須止血的情形時，第一種凝血因子會轉變成活化態，活化後的凝血因子會再讓下一種凝血因子轉變成活化態。第二種活化的凝血因子會再讓下一種凝血因子轉變成活化態……依此類推，依序迅速產生階段性的反應。

　　➡ 血漿中含有凝血因子。

　　各位有沒有玩過傳話遊戲呢？由一個人向一千個人下指令需要花很長的時間，但是如果第一個人向十個人下指令，這十個人再各自向十個

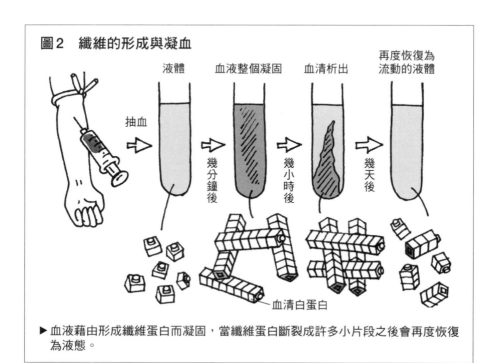

圖2　纖維的形成與凝血

液體　　血液整個凝固　　血清析出　　再度恢復為流動的液體

抽血　　幾分鐘後　　幾小時後　　幾天後

血清白蛋白

▶ 血液藉由形成纖維蛋白而凝固，當纖維蛋白斷裂成許多小片段之後會再度恢復為液態。

人下指令，獲得指令的一百個人再各自向十個人下指令，只要一下子就能將指令傳達給一千個人了。凝血作用必須在極短的時間內完成反應，以這種等比級數的方式反應才能達成。人體內實際上與凝血直接相關蛋白質有十幾種之多。

➡ **凝血要在短時間內完成。**

凝血時一種溶解在血漿中的微小蛋白質會發生變化，形成相互纏繞的細長絲狀，絲狀的蛋白質不再具有水溶性，因此會析出。這種絲狀的蛋白質就是血液凝固成分的主體。絲狀的蛋白質之後又會斷裂成許多小片段，再度恢復水溶性，因此凝固的血液在幾天之後又會恢復為液態。血管破裂時，血液會凝固以止血，接著血管會修復傷口，修復完畢之後必須要去除凝固的血塊，所以身體才會具有自動溶解凝固血塊的機制。這種變成細長絲狀的蛋白質稱為纖維蛋白（fibrin）（圖2）。

➡ **凝固的血液經過幾天後又會恢復為液態。**

輸血用的袋裝血液不會凝固。這是因為血液必須要有鈣離子（$Ca^{2+}$）才會凝固，抽出血液後將鈣離子去除，血液就不會凝固。輸血用的血液會進行去除鈣離子的處理。

➡ **血液必須要有鈣離子才會凝固。**

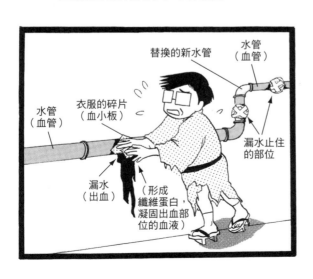

圖中標示：
替換的新水管
水管（血管）
衣服的碎片（血小板）
水管（血管）
漏水止住的部位
漏水（出血）
（形成纖維蛋白，凝固出血部位的血液）

## 止住漏水！

血小板是骨髓中巨核球的細胞質碎片。血小板的黏性非常高，可以黏附在血管破損的部位。同時發揮作用讓出血部位的血液凝固（形成纖維蛋白），停止出血。出血停止之後，血管會開始修復，修復完畢之後，會將凝固的血液溶解移除。

physiology **04**

自體與非自體

# 免疫的機制

## ● 自體與非自體

　　所謂的免疫是指防禦外敵的入侵，保護自己。因此需要有兩個步驟，第一個步驟是區分自體與非自體，接著排除確認屬於非自體的物體。自體就是自己身體裡的細胞或組織，非自體就是不是來自自己身體的所有物體。

　　**➡ 免疫的基本原則就是辨認非自體並加以排除。**

　　什麼是非自體呢？除了細菌與病毒之外，還包括毒物等化學物質，以及突變的細胞、老廢組織、別人的組織等，只要不是屬於自己的正常組織，就全部算是非自體。身體辨認為非自體的東西稱為抗原。有學者認為抗原的種類大約有一億種。

　　**➡ 不屬於自己正常組織的物體，全部都是非自體。**

　　負責辨認與排除非自體的細胞中，最具有代表性的包括淋巴球、巨噬細胞、嗜中性球等。淋巴球又可大致分為 T 細胞和 B 細胞（p.19）。T 細胞負責調節免疫反應，B 細胞則可製造稱為抗體的蛋白質（圖 1）。

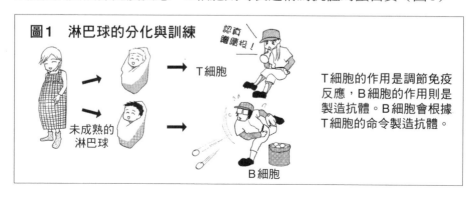

圖 1　淋巴球的分化與訓練

認真
訓練投！

未成熟的
淋巴球

T 細胞

B 細胞

T 細胞的作用是調節免疫反應，B 細胞的作用則是製造抗體。B 細胞會根據 T 細胞的命令製造抗體。

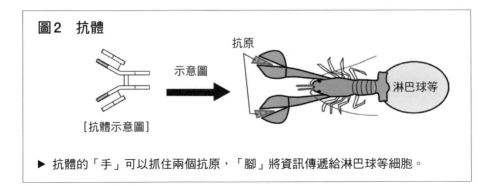

圖2　抗體

抗原

示意圖

淋巴球等

[抗體示意圖]

▶ 抗體的「手」可以抓住兩個抗原，「腳」將資訊傳遞給淋巴球等細胞。

➡ 淋巴球可分為 T 細胞與 B 細胞。

## ●抗體

　　抗體藉由與抗原結合攻擊對手，例如去除毒素的毒性、消滅病毒或細菌等。抗體是血漿中的蛋白質，屬於一種球蛋白（p.22），所以又被稱為免疫球蛋白或是 γ 球蛋白。

　　抗體的形狀有點類似螯蝦（圖2）。兩隻螯的部分可以抓住抗原，也就是可以和抗原結合的部位有兩個。而尾巴或腳的部分可以和淋巴球等細胞結合。藉由尾巴的結合將資訊傳遞給淋巴球，身體就會知道抗體抓住了這個抗原、這個抗原侵入體內了。

　　➡ 抗體藉由與抗原結合，使抗原變得無害。

　　每一個抗體只能和一種特定的抗原結合，反過來說，每種抗原只會受到針對它的特定抗體攻擊。比如說，針對流感病毒的抗體只會和流感病毒（是一種抗原）結合，不會和愛滋病毒結合。而杉樹花粉（也是一種抗原）只會和針對杉樹花粉的抗體結合，不會和針對家塵（也是一種抗原，實際上來自塵蟎）的抗體結合。抗原和抗體就像這樣，有如鑰匙和鑰匙孔，必須一對一的配對，這種性質稱為「高度特異性」。有非常多的檢查就是利用抗體的這種性質進行。舉例來說，檢查血液中的杉樹抗體數量，就可以知道對杉樹花粉過敏的程度。

## 媽媽很會煮菜

人類只需要少量基因就能製造出一億種抗體。

**➡ 每種抗體只會和特定的抗原結合。**

　　抗體具有高度特異性,如果有一億種抗原,那麼就會有一億種抗體。人類可以製造出一億種抗體蛋白質。如果要容納一億種不同抗體的基因,那麼染色體的大小將會非常驚人,但是身體另有不同的解決方式。

　　稍微偏離一下正題,請問各位會煮幾道料理呢?我並不擅長烹飪,但是我大概會煮一萬種,而且是完整的套餐。覺得我在騙人嗎?是真的喔,讓我來仔細說明。我會煮十道沙拉、十道湯、十道主菜、十道甜點,一共四十種。而每套完整的套餐會有沙拉、湯、主菜、甜點各一

# 讓人容易混淆的傢伙

自體免疫疾病是誤以為自己的組織為非自體而加以攻擊造成的。帕夫洛夫（狗）順利抓到入侵家裡的小偷，但是也不小心咬了打扮讓人容易混淆的爸爸。

道，組合起來可以有幾種不同的套餐呢？十的四次方，也就是一萬種套餐。因此只要會煮四十道料理，就能配出一萬種套餐。抗體的產生也是一樣，人體實際上是用五大群的基因來製造出大約一億種的抗體。發現這個機制的利根川進博士，因為這項貢獻在1987年獲頒諾貝爾生理醫學獎。

　　➡ 人類可以製造出一億種抗體。

## ●過敏

　　正常情況下不應該發生的過度免疫反應稱為過敏。例如身體對杉樹

花粉或是塵蟎產生過度的反應，或是將自己身體的組織誤認為非自體而加以攻擊的免疫反應等等。後者又被稱為自體免疫疾病，其他的例子還有免疫異常發生在肺部的氣喘、發生在鼻子或眼睛的免疫異常是花粉症、發生在皮膚是異位性皮膚炎、發生在關節則是類風溼性關節炎等等。花粉症的異常免疫反應大多發生在鼻子或眼睛。結締組織疾病也是很具有代表性的自體免疫疾病。

　　➡ 導致不良結果的免疫反應稱為過敏。

physiology **05**

即使是偶像也會有便祕的問題？

# 消化的機制

## ●三大營養素

　　人類為了生存必須攝取食物作為能量來源。可以作為能量來源的營養素包括醣類、蛋白質與脂質，又稱為三大營養素。醣類就是糖（尤其是葡萄糖），蛋白質由胺基酸集合而成，脂質的代表是中性脂肪，主要成分是脂肪酸。消化器官的首要功能就是吸收食物中的醣類、蛋白質、脂質。不過食物無法直接被人體吸收，因此要先分解為可以吸收的形式，接著再慢慢加以吸收。消化是吸收營養的必要步驟。簡而言之，醣類最後會被消化分解為葡萄糖、蛋白質消化分解為胺基酸、脂質則是脂肪酸（圖1）。

　　➡ **消化器官會將醣類分解為葡萄糖、蛋白質分解為胺基酸、脂質分解為脂肪酸。**

## ●消化器官

　　消化器官可分為兩大部分，①口腔、食道、胃、腸，以及②肝臟、膽囊、胰臟。第①部分是食物通過的管道，又稱為消化道。

　　自律神經（p.102）中的副交感神經負責讓消化器官運作。實際上也有激素參與其中的運作，不過現在暫時先記得副交感神經就可以了。副交感神經興奮會使消化器官的運作活躍。具體來說就是消化液的分泌增加、腸胃蠕動幅度加大。消化液包括唾液、胃液、膽汁、胰液、腸液，都會隨著副交感神經的興奮增加分泌量。

　　➡ **副交感神經負責讓消化器官運作。**

## 圖1　消化的機制～消化就像是切碎

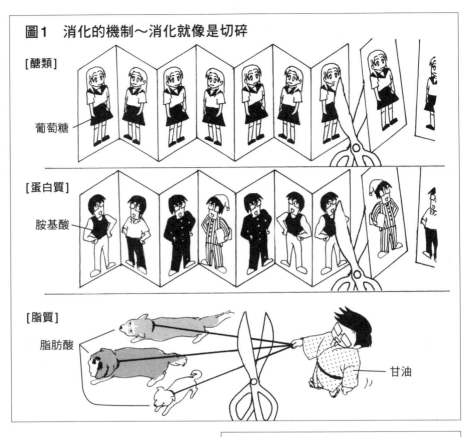

[醣類]

葡萄糖

[蛋白質]

胺基酸

[脂質]

脂肪酸

甘油

## ●胃的功能

　　胃部負責消化食物,但是胃部本身卻不會被消化。這是因為胃會分泌黏液,覆蓋住整個胃黏膜的表面,保護自己。胃液的成分包括黏液、胃蛋白酶、鹽酸(圖2)。分泌黏液消化食物的作用較小,主要是保護胃部,胃蛋白酶是分解蛋

## 圖2　胃液的兩種作用

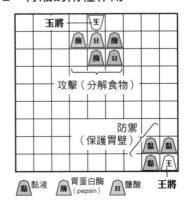

玉將　　　王

攻擊(分解食物)

防禦
(保護胃壁)

王將

黏　黏液　　酶　胃蛋白酶　　H　鹽酸
　　　　　　　　　(pepsin)

胃液可以分解食物,同時具有保護作用,防止自己的胃不被分解。

白質的酵素，在酸性環境下比中性時更能發揮作用。鹽酸能讓胃部維持酸性，輔助胃蛋白酶的作用，同時也具有殺菌作用。

胃液也參與鐵和維生素的吸收，不過其機制很複雜，在此先不討論。

➔ **胃液中的黏液可以保護胃部，胃蛋白酶與鹽酸具有消化的作用。**

胃潰瘍是胃部被自己消化而產生孔洞的疾病。輕微時是較淺的凹陷，嚴重時洞會變深，甚至可能貫穿到胃部外側。胃潰瘍的孔洞如果不幸位於有大血管的部位，會引起嚴重出血。出血如果在胃的內部，嘔出血液時稱為嘔血。順帶一提，吐出由肺臟流出的血液則稱為咳血。消化道內的出血部位不管位於何處，到最後都會由肛門排出，稱為便血。

胃潰瘍要如何用藥物治療呢？由於胃潰瘍是胃被自己消化的疾病，因此治療的方式就是讓胃停止自我消化。胃液中含有黏液、胃蛋白酶、鹽酸，而治療胃潰瘍的藥物也包括黏膜保護劑（替代黏膜的作用）、胃酸中和劑，以及抑制胃蛋白酶和鹽酸分泌的藥物，種類非常多。

➔ **胃潰瘍是胃被自己消化。**

幽門螺旋桿菌是最近幾年在胃的內部發現的細菌。這種細菌會分泌氨，中和周圍的胃酸保護自己。一般認為這種細菌與胃潰瘍的產生有很大的關係，治療胃潰瘍時投予抗生素殺死這種細菌，已經是公認的療法。日本成年人有一半以上都感染了這種細菌。

➔ **幽門螺旋桿菌是引起胃潰瘍的原因之一。**

## ●十二指腸的功能

食物在口腔與胃部被磨碎，與唾液和胃液充分混合，形成黏稠的半流動性物體，稱為食糜。胃將食糜一點一點的送入十二指腸（圖3）中。送出的時間隨食物的種類而異，快只需數分鐘，慢則需要3～6小時後才會被送入十二指腸。胃部送出的食糜是酸性的，在十二指腸中與鹼性的胰液和膽汁混合，最後變成鹼性。胰液中含有可以消化醣類、蛋白質、脂質的強力消化酶。膽汁中不含消化酶，但可以將脂質乳化，以

便於胰液中的脂酶（脂質的消化酶）進行消化。脂質無法直接溶於水中，會與水分離形成油滴狀態，這種狀態是無法被脂酶消化的。

**→胰液中含有醣類、蛋白質與脂質的消化酶。**

膽汁由肝臟製造，在膽囊中儲存與濃縮。進食後膽囊會收縮，將濃縮的膽汁分泌到十二指腸中。接受手術切除膽囊的人，稀薄的膽汁會直接流入消化道中，但是消化吸收的效率不會有太大的改變。換句話說，就算沒有膽囊，對於健康也不會有太大的影響。

**→肝臟製造的膽汁，在膽囊中儲存與濃縮，進食後分泌出來。**

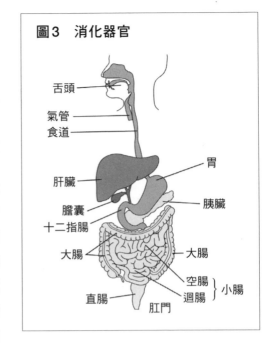

圖3　消化器官

舌頭
氣管
食道
肝臟
膽囊
十二指腸
大腸
直腸
胃
胰臟
大腸
空腸
迴腸 } 小腸
肛門

## ●小腸與大腸的功能

小腸是進行吸收的部位。接近胃部的部分稱為空腸，接近大腸的部分稱為迴腸，兩者之間並沒有明確的界線。腸道內會分泌大量的腸液，腸液內並不含有消化酶。消化酶存在於小腸黏膜的細胞表面，在吸收營養素的細胞附近進行最後的消化。也就是將變成小片段的蛋白質與醣類繼續分解成單一的胺基酸與葡萄糖。之後立即被吸收到黏膜細胞內。

**→消化的最後階段在小腸黏膜的細胞表面進行。**

大腸幾乎不會吸收營養素，而是進行水分的吸收，慢慢地吸走水分形成糞便。小腸之中還含有很多大腸桿菌等細菌，大腸裡也住著大量各式各樣的細菌。人類與這些細菌共同生存在一起。

　　食糜的渣滓進入大腸後，會被腸內的細菌分解。不是由腸道分泌的消化酶分解，而是被生存在腸道內的細菌分解。這種過程稱為發酵或腐敗，兩者基本上沒有太大差異。發酵腐敗會使糞便產生特有的臭味。這些細菌中，有些會在腐敗過程中產生致癌物質或有毒物質。

　　優酪乳中含有雙叉乳桿菌（又稱比菲德氏菌），是乳酸菌的一種，可以分解醣類形成乳酸。乳酸可以抑制致病菌的繁殖。因此雙叉乳桿菌可以抑制會產生致癌物質的細菌增生，降低大腸癌的風險。嬰幼兒體內有大量的雙叉乳桿菌，之後數目會隨著老化而逐漸減少。

　➡ **大腸中的腸內細菌會造成發酵或腐敗。**

　　腸道會以許多不同的方式收縮，其中最具代表性的是蠕動運動，是將食物往肛門方向移動的收縮。腸道的運動來自平滑肌的收縮，和消化液分泌一樣，都會在副交感神經興奮時活躍。腸道收縮力道太強時會伴隨著疼痛。腹部感覺到週期性的絞痛時，通常原因都來自於腸道的劇烈蠕動。使用可以停止蠕動運動，也就是抑制副交感神經作用的藥物，對於這類型的腹痛很有效。

　➡ **副交感神經控制腸道的蠕動運動。**

## ●腹瀉與便秘

　　糞便的含水量增加時稱為腹瀉。腹瀉的原因包括：①腸液分泌量大量增加，或是②食物迅速通過大腸。①的情況有可能來自致病性的細菌，也可能是單純的消化不良或吸收不良。比如說喝太多牛奶時的腹瀉就是一個例子。②的原因簡單來說就是蠕動運動過於強烈。可能是因為肚子著涼，或是心理上的原因導致自律神經異常等等，造成蠕動運動亢進。（腸道的運動由副交感神經控制。）

　　治療腹瀉的方式就是抑制蠕動運動。但是食物中毒時的腹瀉可以將毒素儘快排出體外，是一種有意義的反應，因此一股腦止住腹瀉有時不見得是好事。

反過來說，排便次數比平常少的狀態就稱為便秘。糞便停留在大腸中愈久，會有愈多水分被吸收，變得愈硬，愈不容易排出。有些人會因為心理上的因素反覆不斷腹瀉與便秘。

➡ **自律神經異常也可能造成腹瀉或便秘。**

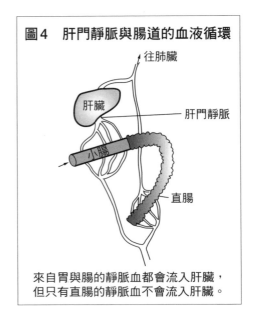

**圖4　肝門靜脈與腸道的血液循環**

來自胃與腸的靜脈血都會流入肝臟，但只有直腸的靜脈血不會流入肝臟。

## ●消化器官的血流

在消化器官的血流方面，最具有特色的是胃與腸的靜脈。動脈的分布方式並無特殊之處，但是靜脈匯集來自胃與腸的血液之後，不會流入肺臟，而是流向肝臟（圖4）。進入肝臟之前又會再分支，密密地分布在肝臟中。換句話說，腸道的靜脈會先匯集變粗，接著又再分支變細進入肝臟。

這些靜脈血中含有腸道吸收的物質（營養素與有害物質），不會進入肺臟，而是先通過肝臟再進入肺臟。這些靜脈血管就稱為肝門靜脈（圖4與p.44）。肝門靜脈匯集了來自胃部、小腸、大部分的大腸（不包括直腸）、脾臟等部位的靜脈血。

➡ **消化道的靜脈血會進入肝臟，流入的血管稱為肝門靜脈。**

**MEMO**　手 術 連 接 消 化 道 的 方 法

外科手術中會將切斷的消化道再連接起來。依目的與狀況，有許多不同的作法。

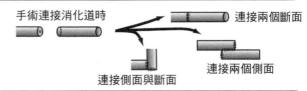

手術連接消化道時

連接兩個斷面

連接側面與斷面

連接兩個側面

physiology **06**

**糞便的顏色來自膽汁、膽汁的顏色來自血液**

# 肝臟的功能

## ●三大營養素的代謝與肝臟的關聯

　　我們已經知道肝臟具有非常多不同的功能，而且除此之外應該還有更多不為人知的功能。肝臟的基本功能是分解與合成各種物質，這個過程稱為代謝，接下來我們就來依序探討肝臟可以分解和合成哪些物質。

　　**➡肝臟的基本功能是分解與合成各種物質。**

　　首先是三大營養素（醣類、蛋白質、脂質）的分解與合成。在醣類方面，肝臟是暫時儲存糖類的位置，可以將血液中的葡萄糖合成肝醣後加以儲存。儲存在肝臟的肝醣也可以分解為葡萄糖後再釋放到血液中。但是儲存在肝臟中的肝醣，以全身的比例來看並不太高。假設肝臟儲存的肝醣有100公克（實際上應該更少），每公克醣類大約可以產生4大卡的熱量，所以這些肝醣總計只能產生400大卡。400大卡的熱量只能供應不到半天的消耗量。也就是說，即使有吃晚飯，但到了隔天早上肝臟裡的肝醣就已經幾乎消耗殆盡了。

　　**➡肝臟中儲存的肝醣很重要，但是數量並不多。**

　　肝臟也可以代謝脂肪，或者是合成膽固醇（脂質的一種）。即使因為擔心肥胖或是動脈硬化而完全不攝取含有膽固醇的食物，肝臟還是會主動製造出必須的膽固醇（這是一件好事）。罹患肝病的人無法合成出足夠的膽固醇，所以不容易發生動脈硬化。有關膽固醇的內容請參閱第46頁。

　　**➡即使不攝取膽固醇，肝臟也會自行合成。**

　　在蛋白質方面，肝臟也一樣具有許多不同的功能。首先是合成蛋白質，肝臟可以製造出種類繁多的蛋白質，最具有代表性的就是占血液中蛋白質一半以上的白蛋白。肝病患者無法製造白蛋白，血液中的白蛋白量會降低，使膠體滲透壓降低，產生水腫（p.25）。另一類由肝臟合成的重要蛋白質是凝血因子。當肝臟的功能降低，凝血機能也會降低，變得容易出血。肝病患者的食道、胃、十二指腸容易出血，一旦出血就很難止住，止血的治療非常棘手。

　　➡ 肝功能降低時會容易出血、出現水腫。

　　肝臟也可分解蛋白質。蛋白質的主要成分是碳、氫、氧與氮。醣類與脂質不含氮，只有蛋白質含有氮元素。碳和氫可作為能量來源，在體內被充分利用，但是氮卻無法被利用，必須排出體外。蛋白質的氮元素在體內會形成氨（$NH_3$）。氨對人體有害，肝臟可以將氨轉變為無害的尿素，再由腎臟將尿素排出體外。肝病患者血液中的氨會增加，氨對腦部產生作用，會讓患者意識模糊。

　　➡ 肝臟將氨轉變為尿素，再由腎臟將尿素排出體外。

## ●膽紅素代謝

　　肝臟還有另一項重要的代謝功能。之前已經提過，當紅血球的壽命終了時，身體會加以破壞（p.17）。紅血球的其中一項成分是血紅素，身體會回收再利用裡面的鐵而捨棄其餘的部分。捨棄的過程由肝臟負責，肝臟會將殘餘的血紅素代謝成膽紅素，再將膽紅素排入膽汁中，排出體外。膽紅素就是膽汁的主成分之一。

　　與氧氣結合的血紅素呈現鮮紅色，膽紅素則是咖啡色的。糞便也是咖啡色的沒錯吧？事實上糞便的顏色就是來自膽紅素。血液中的血紅素經過一連串的變化後就形成了糞便中的咖啡色成分。

　　➡ 糞便的顏色來自膽紅素。膽紅素則是血紅素經過代謝後的產物。

　　肝臟功能不佳時，無法充分排除膽紅素，因而累積在體內，使整個

身體呈現糞便色……不，應該說是膽紅素色，這種現象稱為黃疸。人體中最容易呈現出黃棕色變化的部位是眼球的結膜（眼白的部分）。醫師檢查有無黃疸時，會將患者的下眼皮往下拉，觀察眼睛的狀態。

　　造成黃疸的原因大致可分為三大類：①紅血球異常導致膽紅素的分解增加、②肝臟有異常、③膽汁無法順利流出。例如膽結石阻塞膽管，膽汁無法流入十二指腸，就會發生黃疸。此時糞便會變成白色，也就是身體呈現糞便的顏色，但糞便卻變成白色的。

　➡ **體內的膽紅素增加會造成黃疸。**

## ● 肝功能檢查

　　各位曾經做過肝功能檢查嗎？一般來說就是檢查血液中的 AST（GOT）與 ALT（GPT）[3] 數值。AST 和 ALT 是細胞中的酵素，一般的細胞裡面都有，但是肝細胞的含量特別多。當發生肝臟疾病使得肝細胞受損時，肝細胞中的 AST 與 ALT 會漏出進入到血液中。各位可以想像生病的肝細胞破裂，裡面的東西全部都流出來的樣子（圖1）。因此，

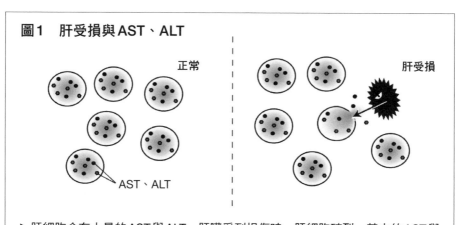

**圖1　肝受損與 AST、ALT**

正常　　　　　　　　　肝受損

AST、ALT

▶ 肝細胞含有大量的 AST 與 ALT，肝臟受到損傷時，肝細胞破裂，其中的 AST 與 ALT 就會流入血液中。

---

3　AST、ALT 在過去稱為 GOT 與 GPT，但近年來大多使用 AST 和 ALT。

測量血液中的AST與ALT量，就可以推估破裂的肝細胞數目。不過，一般的細胞也有AST和ALT，除了肝臟疾病之外，也有一些其他的疾病會讓AST和ALT上升。

➡ **肝細胞中含有大量的AST與ALT酵素。**

## ● 酒精代謝

肝臟也可以代謝毒物。讓我們來看看血液如何流入肝臟。腸胃道吸收養分之後，含有養分的血液會經由靜脈流入肝臟。前面第38頁有提過，這條靜脈稱為肝門靜脈。不過，腸胃道不只會吸收養分，同時也會吸收有害的物質。為了避免這些有害物質直接流到全身，所以血流會先經過肝臟，消除毒素之後再送到全身。消除毒素的過程稱為解毒，解毒包括將毒物的毒性降低，或者是將毒物代謝成為可以由腎臟排除的形式（例如第40頁舉例說明的氨）。酒精的代謝屬於前者，將其毒性降低，因此飲酒過量會對肝臟造成負擔。

➡ **肝臟也負責代謝酒精。**

接著讓我們用毒物中最具代表性的酒精，來說明肝臟的代謝作用（圖2）。喝下酒之後，其中的酒精成分首先會被胃與小腸吸收，經由肝門靜脈進入肝臟。肝細胞中負責分解酒精的酵素將酒精氧化形成乙

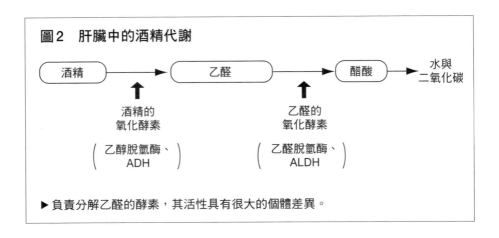

**圖2　肝臟中的酒精代謝**

酒精 → 乙醛 → 醋酸 → 水與二氧化碳

酒精的氧化酵素
（乙醇脫氫酶、ADH）

乙醛的氧化酵素
（乙醛脫氫酶、ALDH）

▶ 負責分解乙醛的酵素，其活性具有很大的個體差異。

醛。同樣是在肝細胞中的乙醛分解酶再將乙醛氧化為醋酸。醋酸會迅速被分解為水和二氧化碳。

**➡肝臟將酒精氧化，首先形成乙醛，最後成為醋酸。**

酒精會抑制神經細胞（神經元，p.99）興奮，有類似麻醉的作用。腦部的活動受到抑制，就是一般所說的酒醉狀態。喝酒之後，首先會受到抑制的腦部活動是理性與判斷的部分，因此會展露出人的本性，無法進行正常的判斷，也有些人的心情會變得很好。當血液中的酒精濃度繼續升高，就會開始抑制與知覺、運動、呼吸有關的腦部中樞，甚至可能引發呼吸衰竭而死亡。急性酒精中毒死亡的案例中，比起呼吸中樞麻痺的例子，被自己的嘔吐物堵住氣管而窒息死亡的比例更高。身旁有人發生急性酒精中毒時，不可讓患者仰躺，必須側躺，接著密切注意患者的狀態。如果患者嘔吐，務必徹底清除口中的嘔吐物。不過，更重要的是不可以讓身旁的人喝這麼多酒才對。

肝臟處理酒精的能力，每小時大約只能代謝60毫升的清酒（相當於大瓶啤酒三分之一瓶）。也就是說，喝下一瓶720毫升瓶裝的清酒，必須要花十二個小時代謝，一直到隔天早上酒精都還會殘留在體內。

**➡酒精會抑制腦部的活動。**

酒精在肝臟中氧化後會形成乙醛，乙醛就是造成喝酒後噁心不適或是宿醉的主因。引起臉紅、心悸、噁心、頭痛的也都是乙醛。乙醛分解酵素的活性強弱是與生俱來決定的，依照強弱可分為強、弱、非常弱三種。白人與黑人的人口之中，百分之百都屬於酵素活性強，但是黃種人中卻有著酵素活性弱，也就是比較不會喝酒的人。日本人之中，酵素活性強的比例大約只有56%，弱的比例是40%，非常弱的人有4%左右。所以可以喝酒的程度，每個人都不一樣，而且是由遺傳決定的。不會喝酒的人天生體質如此，即使訓練也沒有太大的作用。不要勉強自己喝酒，適度為佳。此外，比較會喝酒的人容易發生酒精成癮，最好注意。

**➡乙醛是造成喝酒後噁心不適或是宿醉的原因。**

## 雖然我很喜歡喝酒……

「教訓：雖然我很喜歡喝酒，但是我討厭乙醛」。讓人開心的是酒精，而造成喝酒後噁心不適或宿醉的是乙醛。不過即使如此，媽媽還是很愛喝酒。

　　如果在吃藥的同時喝酒，肝臟忙著處理酒精，就無暇代謝分解藥物，因此會讓藥物的效果變強、延長。例如吃安眠藥時喝酒，會讓安眠藥的分解變慢，藥物的作用時間拉長，相當於吃下大量的安眠藥，抑制呼吸中樞[4]，再加上酒精也會抑制呼吸中樞，甚至可能導致死亡。

　　➡ 吃藥的時候不可以同時喝酒。

---

4　目前市面上有抑制呼吸作用的安眠藥已經很少了。

## ●肝門靜脈與塞劑

接下來介紹塞劑。經由消化道吸收的藥物形式，除了錠劑與粉劑之外，還有塞劑。錠劑經由口腔服下之後，在胃或小腸中被吸收。塞劑則是由肛門置入，經由直腸吸收。這兩種吸收方式的血液流向是怎麼樣的呢？請再看一次第38頁的圖4。腸胃吸收的藥物會經由肝門靜脈流入肝臟，在肝臟代謝後再進入肺部，接著流到全身。藥物被代謝之後，效果會降低，同時還會給肝臟帶來不必要的負擔，和藥物的肝毒性副作用也有關係。也就是說，藥物口服之後效果會降低，並且對肝臟造成負擔。

至於塞劑又是如何呢？離開直腸的靜脈血不會匯入肝門靜脈，而是與來自腳部的靜脈匯合後進入肺部。所以使用塞劑投予的藥物不會經過肝臟，而直接進入全身。效果不會減低、對肝臟的負擔也比較小。因此使用塞劑投與藥物可以降低劑量，並且稍微減少肝毒性，迅速提供藥物。據說經由肛門投予酒精而不經由口腔飲用，酒醉的效果會非常強。雖然在學理上說得通，但是我並沒有實際嘗試過，不知道是真是假。不過用這種方式就沒有辦法品嘗酒的味道了吧。

➡ 塞劑給藥不會經過肝臟，可直接到達全身。

## ●肝臟移植

肝臟移植是治療嚴重肝臟疾病的其中一種方式。目前日本採取的作法主要是由其他活人的身上切下一部分的肝臟，取出進行移植（這種方式稱為活體肝臟移植）。

肝臟的再生能力極強，即使切除一部分，很快又能分裂增生恢復原本的大小。（關於肝臟的幹細胞，請參閱第156頁。）此外，肝臟還具有器官移植後排斥反應較輕微的特性，不過原因目前仍未知。

➡ 肝臟的再生能力很強。

physiology **07**

膽固醇遠離我

# 膽固醇

## ● 脂質與膽固醇

脂質有許多不同的種類，首先可分為三大類，中性脂肪、膽固醇、磷脂質。中性脂肪又稱為三酸甘油酯。一般所謂的「脂肪」，有時是指所有的脂質，有時指的是中性脂肪。

脂肪組織由脂肪細胞集合而成。脂肪細胞中儲存了大量的中性脂肪，磷脂質是細胞膜的主成分，以下將重點放在膽固醇上進行探討。

➡ **脂質的主成分是中性脂肪、膽固醇、磷脂質。**

我們經常會聽到「膽固醇是造成動脈硬化的原因」，但是這種說法只單方面地強調膽固醇的壞處。血液中膽固醇濃度高的人比較容易發生動脈硬化，這是事實，但是膽固醇也是效率非常好的能量來源，也是細胞膜的成分、副腎上腺激素（皮質醇、醛固酮等，p.98）的原料等，對人體有極為重要的功能。

膽固醇可以從食物中攝取，但是人體中大約有80%的膽固醇是自行合成而來（p.39）。所有的細胞都可以合成膽固醇，不過以肝臟合成所占的比例最高。

➡ **膽固醇幾乎都是在體內自行合成，其中以肝臟所占的比例最高。**

## ● 脂蛋白

脂質本身無法溶於水。不溶於水的物質如果直接存在於血液中，會造成許多壞處（例如堵塞血管），所以在血液中會和血漿的蛋白質結合，藉由蛋白質在血液中形成「溶於水的狀態」（p.23）。脂質與蛋白

的結合體統稱為脂蛋白。脂蛋白可以說是負責運送脂質的貨運單位。

　　脂質比水輕，蛋白質比水重，而脂蛋白則依其中的脂質與蛋白質比例分配而有各種不同的比重。脂質的比例愈高，比重愈小。我們也依照比重將血液中的脂蛋白進行分類，比重輕的脂蛋白稱為LDL，比重高的脂蛋白稱為HDL。LDL與HDL之中所含有的蛋白質種類各不相同。

➡ **比重小的脂蛋白稱為LDL，比重高的脂蛋白稱為HDL。**

## ●膽固醇的運輸

　　膽固醇會與蛋白質結合後在血液中移動。與蛋白質結合的膽固醇可大致分為LDL膽固醇與HDL膽固醇。

　　打個比方來說，蛋白質就像是卡車、膽固醇就像是貨物。載著貨物的卡車向沿途經過的細胞收送膽固醇。請注意，卡車不只送出膽固醇，也會收取膽固醇。遞送膽固醇的卡車（加上貨物）是LDL膽固醇，收取膽固醇的卡車（加上貨物）是HDL膽固醇。

　　腸道吸收與肝細胞製造的膽固醇會把卡車裝滿，稱為LDL膽固醇，一邊開一邊沿途遞送貨物。而另一種卡車則是一邊開一邊跟路上的細胞收取貨物，稱為HDL膽固醇。LDL膽固醇與HDL膽固醇中的蛋白質完全不同。

➡ **LDL膽固醇將膽固醇交給周邊組織，HDL膽固醇由周邊組織收取膽固醇。**

　　那麼，當膽固醇過多時會怎麼樣呢？也就是滿載貨物的卡車過多了。幾乎所有的細胞都已經有了足夠的膽固醇，不需要更多了。但是，雖然細胞已經不再需要膽固醇，無論如何卡車還是會把貨送到。細胞被迫收下這些貨物，而如果是動脈的細胞，多餘的膽固醇會沉積在血管中，最後造成動脈硬化（p.76）。但即使動脈已經硬化了，卡車還是會載著滿滿的貨物行駛在血管中。

➡ **LDL膽固醇升高時，會造成膽固醇沉積在動脈等細胞中。**

## 圖1　HDL 與 LDL

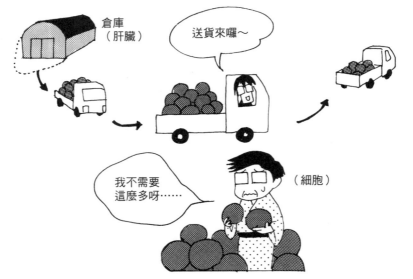

▶LDL 膽固醇會不顧一切將膽固醇放入動脈等細胞中。

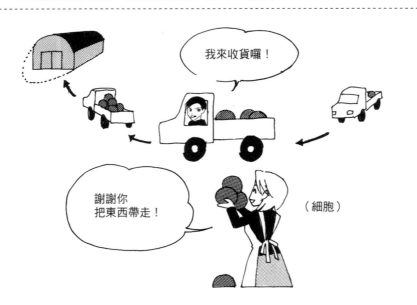

▶HDL 膽固醇會帶走動脈等細胞的膽固醇。

## ● 壞膽固醇與好膽固醇

各位可能常聽到膽固醇分為好膽固醇與壞膽固醇兩種。

會如此稱呼的原因是 LDL 膽固醇會將膽固醇送入周邊組織，促進動脈硬化，因此稱為壞膽固醇。HDL 膽固醇可以減少周邊組織的膽固醇，防止動脈硬化，因此是好膽固醇。

雖然實際上不是如此單純的二分法，但為了便於理解可以先這樣記憶也沒有關係。

➡ LDL 膽固醇是壞膽固醇，HDL 膽固醇是好膽固醇。

**MEMO** │ 生 活 習 慣 病

動脈硬化、高血壓、糖尿病等疾病總稱為生活習慣病。過去也有人稱為富貴病、成人病，最近則改稱為生活習慣病。因為疾病的成因主要來自於飲食習慣或運動等生活習慣，故有此稱呼。（這些疾病不是來自於生活習慣的情況也不少，所以我個人不太喜歡這個名詞。）

（譯註：此名詞來自日本，近來台灣也有部分文章會沿用，但並不太普及。台灣比較常用的是將高血壓、高血糖、高血脂、腹部肥胖等合稱為代謝症候群。）

physiology **08**

你也有隱藏性肥胖嗎？

# 肥胖與減重

## ● 飢餓的歷史

對於野生動物來說，處於飢餓的狀態是很正常的。假如野生動物的環境中有充足的食物，會讓野生動物變胖嗎？絕對不會變胖。因為動物的個體數量會隨著食物的量增加。動物的數目會持續增加到整個群體都維持在輕度飢餓的狀態為止。當食物減少時，較弱的動物會先餓死，個體數量再減少到剛好能維持生存的程度。

➡ **野生動物沒有肥胖的問題。**

對於野生動物來說，食物不是隨時都能取得。只要一發現食物，動物就會儘量多吃，以在飢餓的時候提高存活的可能性。取得食物後，盡可能裝進肚子裡，將食物儲存在體內，撐過之後無法進食的漫長時間，是動物不可或缺的必要能力。而最有效的儲存方式就是脂肪組織。脂肪組織由儲存中性脂肪的細胞（脂肪細胞）集合而成。

➡ **脂肪組織是針對飢餓作的準備。**

人類出現在地球上已有幾十萬年，但是先進國家的人民不再需要擔心餓死的問題，也不過是最近數十年的事情。就因為如此，人體構造的重點在於預防餓死，而沒有針對吃太多或是肥胖的應對機制。此外，野生動物必須活動身體才能取得食物，也不會有運動不足的問題。

➡ **人體構造以應對飢餓為主。**

## ● 肥胖的標準

接著讓我們來談談什麼是肥胖。脂肪組織對人體來說是必須的，不

管在什麼情況下都是維持生命不可或缺的一部分。人體消耗的熱量和攝取的熱量如同位於天平的兩端,攝取的熱量較多時,多餘的部分就會形成脂肪,累積在體內。脂肪組織占整體體重的比率稱為體脂肪率。男性的適度體脂肪率為10 ～ 20%,女性則為20 ～ 30%(表1)。體脂肪率高的人就是肥胖,不應該只憑體重的輕重來判斷是否肥胖。

　　雖然體脂肪率的概念很好,但要正確測量體內的脂肪量相當困難。從過去到現在,一般認為比較可靠的方式是測量身體的比重,再依此推算出脂肪量。測量身體比重時,要將身體沉入水中測量體重,需要很專門的設備,程序也很複雜。比較簡單的方法是使用類似游標卡尺的皮下脂肪厚度計,或是超音波、近紅外線等,以皮下脂肪量來推估脂肪。也有人發明以電阻(impedance)進行測量的方法。

　➡ **脂肪組織量占整體體重的比率稱為體脂肪率。**

　　另一種更粗略的判斷方式是以身高和體重來計算,這種方法稱為身體質量指數(body mass index;BMI)。計算公式為:

BMI＝體重(kg) /(身高(m))$^2$

日本人的BMI理想數值為22,依此計算出來的體重稱為理想體重。

　➡ **BMI的標準為22。**

　　BMI很容易計算,因此經常被當作肥胖的判定標準(表2),不過因為只使用身高和體重的數值,所以肌肉發達的人會被誤判為肥胖。

### 表1　體脂肪率與肥胖的標準

|  | 輕度 | 中度 | 重度 |
|---|---|---|---|
| 男性(不分年齡) | 20%以上 | 25%以上 | 30%以上 |
| 女性(15歲以上) | 30%以上 | 35%以上 | 40%以上 |

### 表2　BMI與肥胖的判定標準
（日本肥胖學會,1999年）

| BMI | 判定標準 |
|---|---|
| 不滿18.5 | 體重過輕 |
| 18.5以上,不滿25 | 體重正常 |
| 25以上,不滿30 | 肥胖(1級) |
| 30以上,不滿35 | 肥胖(2級) |
| 35以上,不滿40 | 肥胖(3級) |
| 40以上 | 肥胖(4級) |

　　雖然體脂肪率比BMI更可靠，不過也有缺點，它並沒有考慮到脂肪的分布，也就是脂肪位於身體的哪裡。肥胖者的脂肪分布方式大致可分為位於內臟與位於皮下兩種。前者稱為內臟脂肪型肥胖，後者稱為皮下脂肪型肥胖。兩者的差異如表3所示。內臟脂肪型肥胖是一種嚴重的疾病，研究發現與生活習慣病有很大的關係。兩者的區別在腹部的X光電腦斷層攝影（p.204）下可說是一目了然。有些人雖然外表不胖、BMI也正常，但內臟脂肪卻很多。這樣的人雖然算不上「肥胖」，但罹患疾病的風險很高，因此被稱為「隱性肥胖」。

➡ 內臟脂肪型肥胖者，比皮下脂肪型肥胖者更容易罹患生活習慣病。

表3　肥胖的類型

| | 內臟脂肪型肥胖 | 皮下脂肪型肥胖 |
|---|---|---|
| 外觀 | 蘋果型<br>（腹部凸出） | 西洋梨形<br>（大腿、臀部、小腹較胖） |
| 腰圍／臀圍比<br>脂肪的位置<br>常見族群<br>與生活習慣病的關聯<br>對治療的反應 | 高<br>內臟周圍<br>男性、更年期後的女性<br>大<br>強 | 低<br>皮下<br>年輕女性<br>小<br>弱 |

（註）本表僅為兩者的相對性比較，並非絕對。

## ● 肥胖的治療

　　那麼要怎麼治療肥胖呢？基本上只要攝取的熱量少於消耗的熱量就能減重。肥胖治療的基礎包括飲食治療與運動治療。如果只靠飲食治

# 我是不是有點變胖了？

BMI＝體重(kg)／(身高(m))$^2$。肌肉比脂肪組織重，因此肌肉發達的人雖然脂肪很少，BMI仍會偏高。反之，脂肪多而肌肉少的人，體重較輕，使得BMI的數值偏低，也就是所謂的「隱性肥胖」。

療，1～2個月後效果就會變差，體重減輕開始停滯，所以一定要與運動治療並行。

　　**➡ 肥胖治療的基礎是飲食治療與運動治療並行。**

　　飲食治療的重點就是減量，減少攝取的熱量就可以了。但仍要注意營養的均衡，避免維生素與礦物質不足。運動治療本身所能消耗的熱量並不多，但是持續鍛鍊可以改善胰島素的作用、提高基礎代謝，最後提高熱量的消耗量。不管減輕了多少體重，如果沒有減少脂肪，只會得到反效果。正確的減重是減少脂肪，而不減少非脂肪部分（肌肉與骨骼的

重量）的體重，因此必須搭配正確的飲食治療與運動治療。治療必須要有計畫才能持續長久。記錄體重日誌、飲食日誌、運動日誌是長期維持的秘訣之一。

**➜ 肥胖的治療中，在降低總體重時，必須維持肌肉與骨骼的重量不減輕。**

1公斤的脂肪組織大約蘊含7000大卡的能量（純粹的中性脂肪1克相當於9.3大卡）。因此要減去1公斤的脂肪組織就等於需要少攝取7000大卡熱量。讓我們來計算一下，一個月的目標是減輕2公斤時，每天要少吃多少東西呢？2公斤的脂肪組織等於14000大卡，除以30天，一天等於是470大卡。換成白飯的話就相當於2碗左右（小碗3碗）。換句話說，如果想要減輕兩公斤，每天要比現在少吃2碗飯，持續一個月才行。反之，如果一天多吃2碗飯，持續一個月就會胖2公斤。不過這只是依照理論計算出來的數值，實際執行也不見得能獲得完全相同的結果。

**➜ 想瘦2公斤，必須每天少吃2碗飯持續一個月。**

在醫療上也有正式被核准的肥胖治療藥物，用於嚴重的病態肥胖。例如mazindol[5]這種藥物可以作用於食慾中樞，抑制食慾。肥胖治療藥物的作用方式包括抑制食慾、阻斷消化吸收、阻斷脂肪累積、促進代謝。此外還有一些不應該採取的方式，如使用瀉劑減輕體重，或是投予甲狀腺素提升基礎代謝等。外國製造、來路不明的藥物（當然未經政府機關核准），裡面含有未知的成分，有害健康，所以不建議使用。最近在網路上可以輕易購買到外國藥物，因此健康受損的案例也增加了。也有服用中國製減肥藥造成肝衰竭而死亡的案例。雜誌上也經常會有吃了就可以變瘦的食品或飲料廣告，這些都是騙人的，又或者可能含有禁止使用的藥物。治療肥胖的基本方式就是飲食與運動。

**➜ 肥胖症的藥物治療必須在醫師監督之下謹慎進行。**

---

5 此成分台灣無已核准之藥品且屬管制藥物。

## ●最近的年輕人……

　　最近的年輕女性大多身材苗條，但是還是有大約八成希望能變瘦。實際上真正達到肥胖標準的人只有不到一成。這些希望「變瘦」的女性，實際上只是希望腰圍能變細，或是胸圍能變豐滿，是想要局部變瘦。光靠減少熱量攝取，不可能實現局部變瘦的願望。使用自己發明的減肥方法，有錯誤的飲食限制、運動又不足，結果減輕的肌肉與骨骼重量比減輕的脂肪還多，所以愈來愈多人雖然體重不重，但體脂肪率卻很高。這些都屬於「隱性肥胖」。「隱性肥胖」的人肌肉和骨骼的量很少，而且自己沒有自覺，所以比真正的肥胖還要嚴重。隱性肥胖的年輕女性逐年增加，應該要注意才是。

　　➡ **使用錯誤的減肥方式，經常會降低肌肉與骨骼的量。**

　　想吃什麼就儘量吃，而且不運動還想要維持理想體型是不可能的（這種想法太天真了）。要維持健康就必須要努力和節制，也必須長期控制自己的生活（不過並不容易）。長時間持續也是減重時的重點之一。勉強的減肥方式大多無法長期持續，放棄之後體重再度升高、又再開始減肥……體重反覆高高低低。這樣體重經常上下反彈也是「隱性肥胖」的重要成因之一。再強調一次，減重的基礎就是飲食治療和運動治療並行，沒有不努力就可以達到的減重方法。如何維持減輕的體重也是十分重要的課題。

　　➡ **體重減輕之後才是真正的開始。**

**MEMO** Diet

日文中經常以Diet來表示減肥。實際上這個單字的意思是指日常的飲食，之後又用於代表治療或調節體重時的限制飲食或特殊飲食，後來又用來表示飲食療法或飲食限制。以上這些都還算是diet的正確用法。但是最近的雜誌或新聞經常用diet來代表減重的方法，與單字的本意不同，是誤用。例如耳穴道diet、健走diet、發汗衣diet等等，都是完全不合理的用法，選取用詞請小心。

physiology **09**

只要深呼吸就能讓身體變成鹼性

# 呼吸的機制

## ● 呼吸的目的

人類為什麼要呼吸呢？

靠近柴火堆會感到溫暖對吧？這就表示柴火堆在放熱。樹枝或枯葉中的碳與氫元素和氧元素結合，發生氧化反應，此時就會發出光和熱。汽車燃燒汽油，也就是讓汽油中的碳與氫元素和氧元素發生氧化反應，再將產生能量轉化為動力使用。生物也會讓食物和氧發生反應，產生熱或是作為運動的能量來源。人類會藉由呼吸將反應必需的氧氣吸入體內。

➡ 呼吸是將產生能量必需的氧氣吸入體內的機制。

呼吸器官的作用是獲取產生能量必需的氧氣，同時排出過程中生成的二氧化碳，而這套系統的中心是肺臟。肺臟中的肺泡可以有效率地讓空氣中的氧氣進入血液，送至身體各個角落之後，再有效率地吸取回送血液中的二氧化碳，排至空氣中。鼻子或嘴巴吸入的空氣，會經由氣管與支氣管形成的空氣通道進入肺泡。氣管是單純的空氣通道，本書接下來提到支氣管時，是將氣管也包括在內。

➡ 肺泡是與呼吸直接相關的部位，支氣管則是連通外界與肺泡的空氣通道。

## ● 肺功能的三大要素

肺臟的功能是在肺泡中進行空氣與靜脈血（p.63）之間的氧氣和二氧化碳交換。而影響這項作用的要素包括以下三點：①吸入空氣進行的空氣交換、②肺泡中空氣和血液之間的氧氣與二氧化碳交換、③血流的

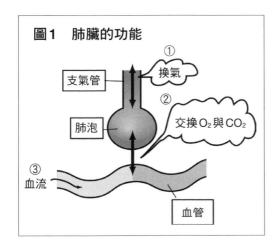

圖1　肺臟的功能

①換氣

支氣管

②交換 $O_2$ 與 $CO_2$

肺泡

③血流

血管

分布（圖1）。

　　進行①的功能時，必須將新鮮的空氣順利送至肺泡中，並將使用過的空氣趕出肺泡。替換肺臟中空氣的動作稱為換氣。②的要點是肺泡必須順利進行空氣和血液之間的氧氣與二氧化碳排出與吸取。罹患肺炎等疾病時，排除與吸取的功能就會變差。③的重點在於靜脈血必須順利流入功能正常的肺泡中。即使肺泡的功能正常，如果血液無法流至肺泡，那麼肺泡也無法獲取氧氣。

　　➡肺臟最重要的功能是換氣、氣體交換與肺臟的血流。

## ●換氣

　　肺臟會隨著呼吸的吸吐而膨脹或縮小。支氣管的容量是一定的，不會改變。而當肺臟膨脹時，肺泡也會隨之膨脹。肺臟位於胸部一個封閉的空間中，這個空間稱為胸腔。當胸腔膨脹時，肺臟也會隨之膨脹，讓空氣進入肺泡中。反之，當胸腔縮小時，肺臟也會縮小，將肺泡中的空氣擠出體外。肺臟本身不具有自行膨脹縮小的能力。首先是胸腔的容積發生變化，接著才會讓肺臟的容積發生被動的變化。

　　➡胸腔容積增減時，肺臟的容積也會隨之增減。

　　胸腔容積的變化來自橫膈膜與肋間肌（肋骨之間的肌肉）的收縮與放鬆。橫膈膜與肋間肌收縮時，胸腔的容積會增加，肺臟隨之膨脹。藉由橫膈膜收縮讓空氣進出的方式稱為腹式呼吸，藉由肋間肌收縮讓空氣進入的方式稱為胸式呼吸。橫膈膜的名稱中雖然有個「膜」字，實際上是一片膜狀的骨骼肌。肋間肌是連接在肋骨之間的肌肉。吃燒肉時的牛

肋條（牛腩）就是牛的肋間肌，帶骨牛小排的骨頭就是肋骨。

　　➡ 橫膈膜與肋間肌收縮時，肺臟會膨脹。

## ●無效腔

　　當我們吸入體積500毫升的空氣時，全部都可以到達肺泡嗎？答案是不能。空氣進入肺泡前必須先通過支氣管，支氣管的容積為150毫升，所以實際上可以進入肺泡的空氣只有350毫升。而支氣管的體積與呼吸並無直接的關係，因此又稱為無效腔。無效腔的體積愈大，呼吸的效率愈差。

　　➡ 無效腔的體積愈大，呼吸的效率愈差。

　　讓我用含著水管呼吸的狀況來打個比方（圖2）。假設水管內部的容積為500毫升，吸入500毫升的空氣時，吸到的全部都是水管中的空氣。當呼出500毫升的空氣時，吐出空氣又會累積在水管中。下一次再吸氣時，只會吸到自己剛剛呼出來的空氣。如果自己嘗試過一次就會很清楚了，含著水管呼吸時無法吸到新鮮空氣，會有窒息的感覺。由於體內必然會有無效腔，因此比起輕輕呼吸好幾次，不如深呼吸而次數少一些，這樣呼吸的效率更好。

　　➡ 深呼吸的呼吸效率比較好。

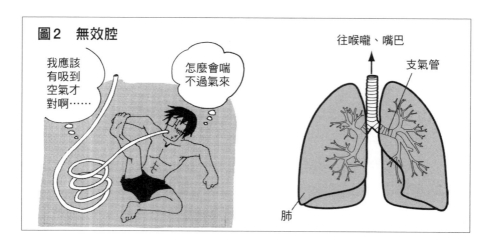

圖2　無效腔

## ● 支氣管

各位覺得呼吸的時候，是吸氣比較輕鬆，還是呼氣比較輕鬆，或者是都一樣呢？健康的人無論吸氣或呼氣應該都一樣輕鬆才對。不過，支氣管虛弱的人，在呼氣時會比較困難，理由如下。

肺臟位於胸腔中，由肺泡與支氣管構成。肺泡十分柔軟，因此容積很容易改變。但是支氣管則非常強韌堅硬，容積不會輕易變化。那麼，如果支氣管的結構變弱，容易膨脹或凹陷時，又會怎麼樣呢？吸氣時首先讓胸腔擴大，因此肺泡與支氣管會承受膨脹的拉力，使得支氣管的內徑變粗，肺泡膨脹。此時空氣的流動並不會受阻，不會發生任何問題。但是等到想要呼氣的時候，胸腔收縮，肺泡與支氣管承受收縮的壓力，同時被壓縮。由於支氣管是空氣向外的通道，通道塌陷時，肺泡中的空氣就難以排出體外。因此，支氣管虛弱的人，在呼氣時支氣管會塌陷，而難以呼吸空氣。

➡ **呼氣時支氣管也會承受壓縮力。**

正常的氣管結構強硬，可承受呼氣的壓縮力而不塌陷，所以可以讓肺泡中的空氣順利排出體外。罹肺氣腫等疾病，支氣管變弱時，呼氣時支氣管也會塌陷。氣喘患者也是類似情況。這些患者可以吸氣，但無法呼氣，吐不出空氣而呼吸困難，原因就是呼氣的壓力讓支氣管阻塞。

➡ **肺氣腫或氣喘等疾病發作時會吐不出空氣而呼吸困難。**

## ● 二氧化碳與酸鹼

前面已經提過，空氣與血液中的氧氣和二氧化碳會在肺泡進行交換。空氣中的氧氣濃度大約為20%。呼吸的機能再好，血液中的氧氣濃度也不會超過空氣中的濃度。也就是說，只要呼吸的是空氣，血液中的氧氣濃度就會有上限（如果呼吸純氧，濃度就會再提高）。停止呼吸後，血液中的氧氣濃度會逐漸一直降低，但是不管深呼吸幾次，血液中的氧氣濃度也只會升高到一個固定值為止。

# 呼吸也要適可而止

想讓血液變成鹼性，只要深呼吸就可以了：連續深呼吸幾次，血液就會變成鹼性。反之，止住呼吸後血液就會偏向酸性。但是過度深呼吸讓身體的鹼性太強，也可能發生過度換氣症候群，所以要小心。

➡ **不管深呼吸幾次，血液中的氧氣濃度也只會升高到一個固定值為止。**

　　另一方面，空氣中的二氧化碳濃度幾乎是零（精確來說是0.03%）。所以加快呼吸速率可以讓血中的二氧化碳濃度持續降低。停止呼吸後血中的二氧化碳濃度會升高，再深呼吸幾次，血中的二氧化碳濃度又會降低。

　　各位還記得嗎？二氧化碳溶於水中會形成碳酸。可樂等碳酸飲料就是來自將二氧化碳溶於水中。也就是說，二氧化碳具有酸性。當血液中的二氧化碳濃度升高，血液的酸性就會變強。反之，血液中的二氧化碳

量愈低，血液的鹼性就會愈強。

　　→ **血液中的二氧化碳量與血液的酸性程度成正比。**

　　由以上可知，呼吸對身體的酸度（鹼度）有很大的影響。這一點非常重要，請各位一定要記住。然而，食物並不會改變身體的酸度（鹼度）。宣稱為鹼性的食品就算吃得再多，也絕對不會讓身體變成鹼性。不過只要連續深呼吸幾次就能很容易地讓身體變成鹼性[6]，但效果只會持續一瞬間。

　　→ **深呼吸會讓身體變成鹼性。**

## ● 呼吸中樞

　　雖然我們可以用自己的意志隨意控制呼吸的次數，但是停止呼吸會造成呼吸困難，最後腦部會介入控制（p.117）。腦部可以感受動脈血液中的二氧化碳量，再藉此決定呼吸速率。血液中的二氧化碳升高，就會產生呼吸困難的感覺，進而加快呼吸速率，而不是由氧氣決定。因此身體健康的人在一般情況下即使呼吸純氧，也不會感覺比較容易呼吸。

　　→ **呼吸速率由血液中的二氧化碳量決定。**

## ● 過度換氣症候群

　　有些人在承受精神壓力時會不斷深呼吸，使得身體變鹼，腦部血流減少（原因還不清楚，但血液變鹼時，腦部的血流量就會減少），因此雖然是在深呼吸，但是還是會覺得呼吸困難，嚴重時甚至會昏厥。這種症狀稱為過度換氣症候群，健康的年輕女性因為呼吸困難而前往急診就醫的案例，幾乎都是過度換氣症候群。這種時候只要恢復正常的呼吸狀態就能改善症狀。

　　→ **連續不斷深呼吸反而可能會感到呼吸困難。**

---

6　身體偏向酸性時稱為酸中毒，身體偏向鹼性時稱為鹼中毒。連續不斷深呼吸很多次，則可能會引起呼吸性鹼中毒。

physiology **10**

維持血流才能維持生命

# 心臟與循環

## ●心臟的構造

　　心臟是將血液送出的幫浦，由靜脈血與動脈血的兩個幫浦系統組合而成，靜脈和動脈的通路又各自分為兩個「房間」，因此總計有四個「房間」。每個房間（房室）的出口都有瓣膜可以防止血液倒流。所以心臟裡一共有四個房室、四組瓣膜（圖1A）。四個房室分別稱為左心房、左心室、右心房、右心室，位於各個出口的瓣膜分別為二尖瓣、主動脈瓣、三尖瓣、肺動脈瓣。二尖瓣的形狀類似天主教中主教的帽子，所以又稱為僧帽瓣。

　　➡ 心臟裡有四個房室和四組瓣膜。

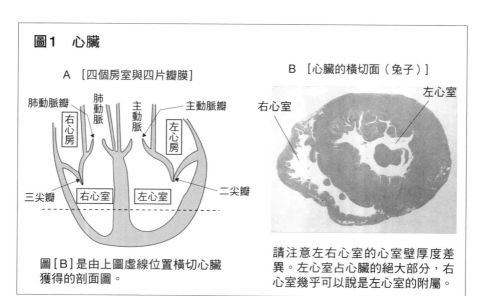

**圖1　心臟**

A　［四個房室與四片瓣膜］

B　［心臟的橫切面（兔子）］

肺動脈瓣　肺動脈　主動脈　主動脈瓣

右心房　左心房

三尖瓣　右心室　左心室　二尖瓣

右心室　左心室

圖［B］是由上圖虛線位置橫切心臟獲得的剖面圖。

請注意左右心室的心室壁厚度差異。左心室占心臟的絕大部分，右心室幾乎可以說是左心室的附屬。

## ●循環系統

人體中的循環系統可以分為
兩個部分，體循環與肺循環（圖
2）。體循環的路線由心臟（左
心室）經由一般動脈通往全身的
器官，在器官分枝成微血管，接
著再由各個器官沿一般靜脈回到
心臟（右心房）。肺循環的路線
由心臟（右心室）開始，經由肺
動脈進入肺臟，在肺臟分枝成微
血管，再由肺臟沿肺靜脈回到心
臟（左心房）。體循環又稱為大
循環，肺循環又稱為小循環。

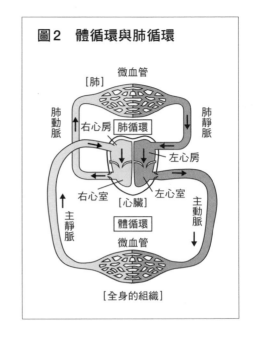

圖2　體循環與肺循環

→ **全身的循環系統可分為體循環與肺循環兩部分。**

　　全身的血液也可分為兩部分，稱為動脈血與靜脈血。在肺部獲取了
氧氣的血液稱為動脈血，由肺臟經由肺靜脈→左心房→二尖瓣→左心室
→主動脈瓣→體循環系統的動脈。血液將氧氣送入全身周邊組織後形成
靜脈血。靜脈血的流動路徑為體循環系統的靜脈→右心房→三尖瓣→右
心室→肺動脈瓣→肺動脈→肺臟。

→ **動脈血的路徑為肺臟經由肺靜脈→左心房→二尖瓣→左心室→主動脈瓣→**
**體循環系統的動脈。**

## ●心肌

　　心臟的內外壁由稱為心肌的肌肉構成。心肌和骨骼肌一樣是橫紋
肌，但是不能用自己的意識控制其運動，屬於不隨意肌（p.130）。心
肌由自律神經調控，調整心跳速率與收縮力。心壁的厚度代表心肌量的
多寡，反映心臟的收縮力。其中以左心室壁最厚，右心室中等，左右心

房都很薄（圖1B）。由厚度來看，可以說左心室負責了心臟的主要功能。

➡ **心肌屬於橫紋肌、不隨意肌，接受自律神經的調控。**

## ●心音

樂器響板閉合的時候會發出聲音，心臟瓣膜也一樣，在緊閉合起時會發出聲音。將聽診器放在胸口就可以聽見心跳的聲音，這個聲音就來自瓣膜。瓣膜一共有四組，所以也會發出四種聲音（圖3）。不過正常的心臟中，聲音幾乎是兩兩同時發生，所以聽起來只有兩種聲音。實際上是二尖瓣＋三尖瓣合在一起的聲音，以及主動脈瓣＋肺動脈瓣合在一起的聲音。瓣膜出現異常時，聲音的大小或是音色會改變，或是聲音出現的時間順序會改變。

➡ **心臟瓣膜閉合時會發出聲音。**

吹笛子的時候會發出聲音，這是因為空氣的流動被擾亂（亂流）而發出聲音。液體的流動也一樣，血液的流動被擾亂時也會發出聲音。血液亂流發出聲音的情況只有兩種，一種是血液倒流，另一種是血液通過

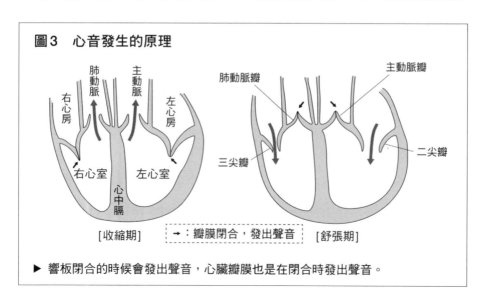

**圖3　心音發生的原理**

[收縮期]　　　→：瓣膜閉合，發出聲音　　　[舒張期]

▶ 響板閉合的時候會發出聲音，心臟瓣膜也是在閉合時發出聲音。

狹窄的地方。例如，瓣膜無法完全閉合而產生逆流、血液通道變窄（例如瓣膜僵硬而無法完全張開）、出現了不應該有的通道（例如分隔左右心室的牆壁（心中膈）出現開口）等等。順帶一提，肺臟的聲音在呼吸的氣流產生亂流時也會發生異常。上述不正常的心音稱為心雜音，醫師對心臟進行聽診時，就是在用聽診器聆聽瓣膜的聲音以及心雜音。

➡ **血液倒流或是通過狹窄的地方時會發出聲音。**

## ● 心跳節律

心臟會以規律的方式反覆收縮與舒張。心臟是由微小的肌肉細胞（心肌細胞）聚集而成，這些細胞必須像跳大會體操一樣配合節奏正確地收縮與舒張。如果每個肌肉細胞都自顧自地收縮或舒張，那麼整個心臟就無法產生收縮和舒張的動作了，換言之，要讓心臟發揮幫浦的功能，所有的肌肉細胞就必須要能同步收縮或擴張。

➡ **心臟中所有的心肌細胞必須配合節律收縮與舒張。**

各位是否有聽過心臟麻痺這種說法呢？所謂心臟麻痺這種症狀，並不是指心肌細胞麻痺無法收縮，而是所有的心肌各自凌亂地不斷收縮舒張。專業的術語稱為心室纖維顫動。發生心室纖維顫動時，就相當於心臟整體無法收縮，因此不能送出血液，必須要立刻進行心臟按摩。為了停止心臟混亂的收縮，讓心臟重新開始以一致的步調收縮，治療時會讓強烈的電流的瞬間通過身體。「急診室的春天[7]」等醫學電視影集中，經常可以看到醫師雙手拿著電極放在患者胸前，通電的瞬間患者的全身會抽動，然後心電圖就會恢復正常，這種方法就好像是重新開啟心臟有節律的跳動一樣。車站等公共場所也會擺設自動式的電擊機器（AED）。

➡ **心肌細胞收縮混亂不一致時，心臟就無法正常收縮。**

---

7　描述醫院急診室工作者的美國電視影集。

# 聽見指令就一起動作

心肌接獲節律組織的指令之後，會整齊地收縮。發生心室纖維顫動時，收縮會變得凌亂不一致，導致心臟整體無法收縮。理論上應該以帕夫洛夫叫「汪」為指令，健次先擺出姿勢，其他人再一起擺出一樣姿勢，發生「心室纖維顫動」時，就每個人亂七八糟各作各的了。

是否有一個最高指揮官來負責統合心臟收縮的步調呢？是的，就位於心臟中。而且除了最高指揮官之外還有副手、執行官等等不同角色，就像總經理、經理和課長。有一條連結「總經理→經理→課長→一般心肌細胞」特殊的高速通訊線路，作為傳達指令的途徑。如果總經理病倒，通訊線路中斷，就會改由經理代為指揮。如果經理也沒辦法工作，就改由課長指揮。心臟就是用這樣的系統維持整體的收縮步調一致。總經理是稱為竇房結的組織，以高速通訊線路傳遞刺激訊號。暫時記不得這個名詞也沒有關係，先記得「總經理的工作是節律」就可以了。此外，這套刺激訊號的傳遞系統並不是神經，而是由特殊的心肌細胞構成。關於人工心律調節器，會在第209頁進行說明。

➡ **維持心臟的正常節奏稱為節律。**

## ●心電圖

各位曾經作過心電圖檢查嗎？檢查時要躺在床上，並在手腳與胸口貼上電極。心肌細胞收縮時會發出微弱的電流（p.13）。單一個細胞發出的電流很微小，但是心臟是由心肌細胞結合而成，眾多心肌細胞同時

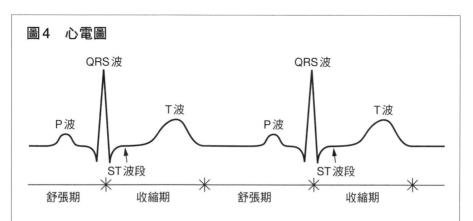

**圖4　心電圖**

QRS波　　　　　　　QRS波
T波　　　　　　　　T波
P波　　　　　　　　P波
ST波段　　　　　　ST波段
舒張期　　收縮期　　舒張期　　收縮期

▶心電圖中比較大的波形（QRS波與T波）並不是代表心室收縮與舒張的強度，而是代表心室開始收縮或舒張。心房的肌肉量比心室少，因此心房的波形（P波）會比心室的波形（QRS波與T波）小。

收縮時，就會產生明顯的電流。心電圖就是從皮膚表面觀測這些電流（圖4）。骨骼肌收縮時也一樣會發出電流，所以進行心電圖檢查時如果身體用力，骨骼肌發出的電流就會混入造成雜訊。因此檢查時記得放鬆身體，不要移動。

心電圖檢查可以獲得的資訊主要分為兩種。

其中一種是心跳節律的資訊，可以了解發出心臟收縮指令的系統是否順利運作（心臟裡的總經理→經理→一般員工）。如果發生心室纖維顫動也可立刻發現。另一種是心肌的狀態。舉例來說，當心肌的氧氣不足時，就可以由電流訊號的異常看出。

由心電圖檢查還可以獲得其他資訊，但由於比較困難，因此目前暫時先介紹這兩項就好。

**➔ 由心電圖可以了解心跳節律與心肌的狀態。**

心電圖檢查時通常會在雙手雙腳共四處，以及胸口六處，合計貼上十個電極。明明只要記錄心臟的電流訊號，為什麼需要這麼多電極呢？剛才提過，由心電圖可以了解心肌的狀態，而心肌發生異常時，一般來說並不會整個心臟的心肌都出現異常，通常會限制在某一個小區域中。必須要使用多個電極才能找出異常區域的位置。比如說，當區隔左右心室的心壁缺乏氧氣時，最靠近此處的電極異常訊號會最強。

**➔ 心電圖檢查時使用多個電極的目的是找出發生異常的部位。**

## ●冠狀動脈

心臟的肌肉（心肌細胞）要如何獲得氧氣與營養呢？雖然心房與心室內有大量的血液，但是無法用來提供心肌營養。這些血液就像是心臟要送到全身的重要商品，不管在哪裡上班，應該都絕對不可以任意取用公司的商品吧。心臟的肌肉是由冠狀動脈（圖5）這條特殊的血管負責供應血液。冠狀動脈一開始先分布於心臟的表面，接著分枝再由心臟表面垂直進入肌肉內部。

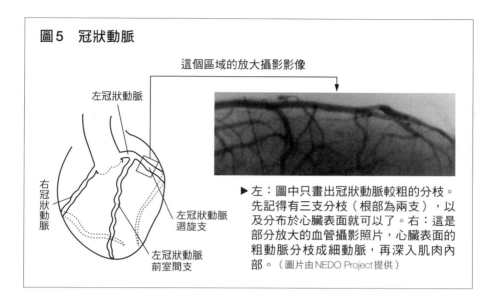

圖5　冠狀動脈

這個區域的放大攝影影像

左冠狀動脈

右冠狀動脈

左冠狀動脈迴旋支

左冠狀動脈前室間支

▶左：圖中只畫出冠狀動脈較粗的分枝。先記得有三支分枝（根部為兩支），以及分布於心臟表面就可以了。右：這是部分放大的血管攝影照片，心臟表面的粗動脈分枝成細動脈，再深入肌肉內部。（圖片由NEDO Project提供）

➡冠狀動脈負責供給心臟的肌肉血液。

## ●功能血管與營養血管

由以上說明可知，心臟具有兩種血管。包括發揮心臟功能的血管（連接心房與心室），以及供給本身營養的血管。肺臟和肝臟也跟心臟一樣具有兩種血管。

肺臟有肺動脈與肺靜脈，此外還有支氣管動脈（主動脈的分枝），肺臟細胞就是由支氣管動脈中的血液獲得氧氣與營養。肺動脈的血液不會提供肺臟細胞營養。

與肝臟功能相關的血管是肝門靜脈（p.38）。血液經由肝門靜脈流入肝臟，再由肝臟進行各種代謝或是處理。而肝臟細胞本身的營養或氧氣則是來自肝動脈（腹腔動脈的分枝）。不過肝臟也可以由肝門靜脈獲得營養，因此即使將肝動脈的血流完全阻斷，肝細胞也不會死亡。

➡器官中具有發揮功能的血管與提供營養的血管，兩種不同的血管。

## ●冠狀動脈與腦動脈的特徵

　　一般的動脈會分枝之後分枝、接著又再度分枝，如此不斷變細。而分枝之間又會彼此相連，因此即使動脈有一個地方阻塞，還是有其他通路，阻塞部位的血流並不會完全中止。但只有兩個部位例外，也就是冠狀動脈和腦部的動脈。這兩處血管的構造在分枝之後並不會再度相連，因此腦部與心臟的血管只要有一處阻塞，血液就無法繼續流通（圖6）。換句話說，腦部與心臟都是很容易發生血流不足的器官。血管完全阻塞，導致後方組織死亡的疾病稱為心肌梗塞與腦部梗塞（p.123）。動脈雖然沒有完全阻塞，但因狹窄而導致血流無法充分流通的疾病，在心臟稱為狹心症，在腦部稱為腦缺血。心肌梗塞與狹心症都會造成心臟突發的劇痛。只有腦部與心臟的動脈具有這樣特殊的構造。

　　➡ 心臟與腦部的血管阻塞時，血液就無法繼續流通。

## ●血流分布

　　血液的總量有限，心臟送出血液的能力也有限。運動會使心跳加快，這是因為肌肉（有如消費者）提出「請增加血液」的要求。此時，不需要的部位（這種情況下是消化系統）血流量會降低。反之，吃飽飯

### 圖6　心臟與腦部的動脈無法繞道

［普通的動脈］

［冠狀動脈、腦部的動脈］

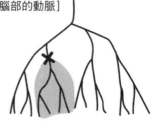

▶ 一般組織中，如果動脈阻塞時還有其他通路，因此影響不會太大。但是心臟與腦部的動脈無法繞道，因此只要有地方阻塞時，後面的血流就會完全中斷。

後消化系統就會變成血液分配的主要部位。

➡ **血液供給會依照需求而有不同的分布重點。**

不同種類的細胞，對於血流不足的耐受性也有強弱之分。雖然器官的血流量會隨需要而改變，但是對血流不足耐受性弱的器官則必須隨時保持充分的血流。而耐受性最弱的器官是腦，其次就是心臟。腦部與心臟的細胞很難承受缺氧，只能維持幾分鐘。腦部血流只要中斷幾秒就會失去意識，中斷數分鐘就會造成不可逆的損傷，也就是腦死。因此發生意外時，首先一定要維持腦部的血液流通。而其次必須維持血流的器官是心臟。心臟冠狀動脈的血流中斷時，也只要數秒就會造成劇烈的疼痛。另一方面，骨細胞對缺血的耐受性則很強，即使血流中斷一天左右也能存活。心臟停止跳動之後，全身的細胞大概要經過一天以上才會完全死亡。

➡ **發生意外時，首先一定要維持腦部的血液流通。**

運動時骨骼肌需要的血流量是休息時的數十倍。但是流往腦部的血流量不會減少，因此會大幅削減流到消化器官的血液。心臟會努力滿足骨骼肌的需求，但其能力有其限度。肺臟獲取氧氣的能力也有限度，稱為最大攝氧量（數值不只與肺臟本身的能力有關，也和心臟輸送的血液量等因素有關），是個人運動能力的指標之一。

➡ **最大攝氧量是運動能力的指標。**

physiology **11**

血液的流動遵循歐姆定律

# 血壓與血流

## ●什麼是血壓？

用水槍噴向目標時，容器、水、按壓活塞的力三者缺一不可。也可以說，需要的條件就只有這三項。人體也是一樣，要將血液送到體內的各個角落，只需要血管、血液、心臟的推送力三個要素。血管中的壓力稱為血壓，之後會詳細的進行說明。

➡ **要將血液送到體內的各個角落，需要血管、血液、心臟的推送力三個要素。**

為了便於理解，以下讓我用比喻來說明，請看圖1。友紀拿著水管，要幫懸吊著的花盆澆水，健次則賣力的打著幫浦。友紀用手按住水管的出口，按得愈緊，水勢愈強，才能噴到高處。但是按壓住出口時，健次也必須更用力打幫浦。要將水噴到花盆中，相關的要素有三項：①水管出口的直徑、②水量、③打幫浦的力量。

那麼，如果要將水噴到更高的地方，就必須①縮小水管的直徑、②增加水量、③加強打幫浦的力量。②的水量是指水管中的水量，如果很難想像的話，可以先當作是幫浦中的水量就好。如果幫浦裡的水很少，那麼不管多麼用力打幫浦，也只能噴出一點點水。如果幫浦中的水量很多，水就可以噴得比較高（一般來說，此時當然要更用力打幫浦，不過暫時不要想得這麼複雜，比較容易懂）。

水能到達的高度就相當於血壓。①讓水管的出口變窄相當於「血管的粗細」、②幫浦中的水量相當於「血液量（由水管流出的水量相當於血流量）」，而③打幫浦的力量則相當於「心臟的收縮力」（表1）。

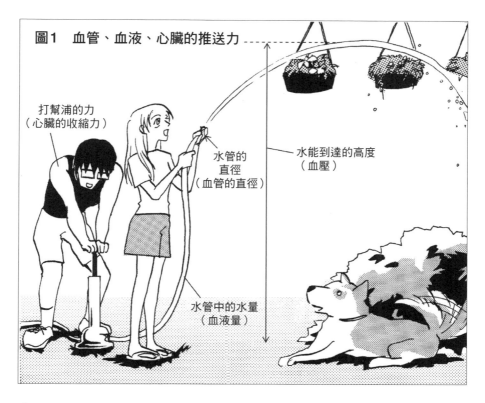

圖1　血管、血液、心臟的推送力

打幫浦的力
（心臟的收縮力）

水管的
直徑
（血管的直徑）

水能到達的高度
（血壓）

水管中的水量
（血液量）

表1　血壓與血管、血液量、心臟收縮力的關係

| 水能達到的高度 | 高 | 低 | 血壓 | 高 | 低 |
|---|---|---|---|---|---|
| 水管直徑 | 細 | 粗 | 血管直徑 | 細 | 粗 |
| 水量 | 多 | 少 | 血液量 | 多 | 少 |
| 打幫浦的力 | 強 | 弱 | 心臟收縮力 | 強 | 弱 |

原理和電學之中的歐姆定律完全相同。電壓相當於血壓、電流相當於血流量、電阻相當於血管的粗細。不過如果對電學不熟悉的話，那麼不要管歐姆定律也沒關係。

## ●血管直徑與血壓的關係

血管的直徑為什麼會變粗或變細呢？血管由平滑肌構成，肌肉放鬆

時，血管的直徑就會變粗，稱為血管擴張。平滑肌的收縮與放鬆，也就是血管直徑的粗細是由自律神經（p.102）調控。自律神經中，具有交感神經與副交感神經兩種作用幾乎剛好相反的神經。副交感神經興奮會使血管擴張，或者是阻斷交感神經的作用也可獲得相同的效果。交感神經興奮時血管的平滑肌會收縮，使血管的直徑變細，稱為血管收縮。血管擴張時，血壓會降低，血管收縮時，血壓則會升高（圖2）。

　　由於血管擴張時血壓會降低，因此可以擴張血管的藥物[8]就被用來治療高血壓。

　　➡ 血管擴張時，血壓會降低，血管收縮時，血壓則會升高。

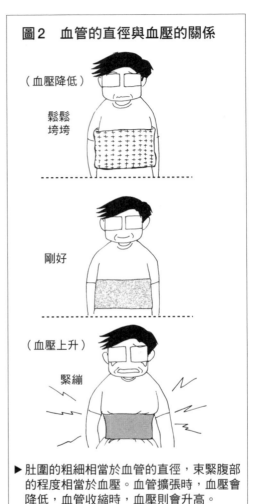

圖2　血管的直徑與血壓的關係

（血壓降低）

鬆鬆垮垮

剛好

（血壓上升）

緊繃

▶ 肚圍的粗細相當於血管的直徑，束緊腹部的程度相當於血壓。血管擴張時，血壓會降低，血管收縮時，血壓則會升高。

## ●血液量與血壓的關係

　　血液的量為什麼會變多或變少呢？舉例來說，發生意外受重傷而大量出血時，血壓就會降低。此時必須要進行輸血或是輸液[9]。實際在臨床上遇到患者突然血壓過低時，經常可以看到進行輸液以恢復血壓的處

---

8　也有許多藥物的作用和自律神經無關，但仍然可以讓血管擴張。此外，促進腎上腺素分泌的作用與讓交感神經興奮相同，記憶時可當作兩種現象會同時發生。

9　輸液是指將食鹽水等液體大量注入血管中。

置方式。

　　體內水分過多的時候，血壓則是會上升。此時可以使用利尿劑將多餘的水分以尿液的方式排出體外。放血也可以降低血壓，不過只會用在真的非常緊急的情況。由於減少體內的水分可以降低血壓，所以利尿劑也是可以用來治療高血壓的藥物之一。

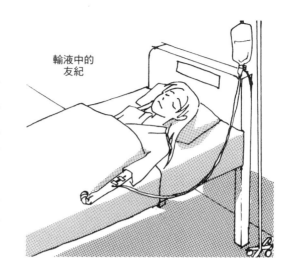

輸液中的友紀

➡ 出血或脫水時血壓會降低，輸血或輸液時血壓會升高。

## ●心臟收縮力與血壓的關係

　　心臟的收縮力為什麼會變強或是變弱呢？心臟收縮有力時，可以用力擠出血液，提高血壓。心臟收縮無力時，血液流出的力道減弱，血壓跟著降低。交感神經興奮時，心臟會用力收縮。副交感神經收縮時則有點不一樣，實際上先發生的現象是心跳會變慢，不過現在先暫時記得心臟的收縮力也會降低就可以了。抑制心臟收縮的藥物也被用來治療高血壓，例如阻斷交感神經作用的藥物。順帶一提，讓副交感神經興奮的藥物也可以降低血壓，但是因為有很多副作用，所以並未用於高血壓的治療。

➡ 心臟收縮力減弱時血壓會降低，心臟收縮力增強時血壓會升高。

## ●藥物對血壓的作用

　　血壓與血管、血液量、心臟收縮力之間的關係如表2所示。針對高血壓研發出了許多不同種類的藥物，也在市面上販賣，不過作用機轉大

約可分為以下三類：(1)擴張血管的藥物、(2)利尿劑、(3)抑制心臟收縮的藥物。反之，如果需要提高血壓時，則使用：(1)收縮血管的藥物、(2)輸液、(3)促進心臟收縮的藥物。

**表2　藥物對血壓的作用**

| 血壓 | 降低 | 升高 |
| --- | --- | --- |
| 血管 | 血管擴張劑 | 血管收縮劑 |
| 血液量 | 放血、利尿劑 | 輸血、輸液 |
| 心臟收縮力 | 減弱收縮力的藥物 | 加強收縮力的藥物 |

## ●血液的供給與血壓

　　要讓血液充分流到身體的每個角落，就必須要維持一定程度的血壓。而無論如何都務必要優先維持血流充足的器官是腦部（p.70）。腦部血流只要中斷幾秒鐘就會失去意識，就算沒有完全中斷，只是血流不足也會讓意識模糊。經常聽說有人在朝會時「貧血」昏倒，其實這些例子幾乎都不是貧血（p.18），而是副交感神經突然興奮，血壓降低，使得腦部血流供應不足。

　　**➡ 必須要維持一定程度的血壓，才能將血液供應到腦部等全身各個部位。**

　　血壓要高比較好還是低比較好呢？血壓過高，血管會因為無法承受壓力而破裂，破裂之後當然就會出血。如果出血發生在腦部稱為腦出血或是硬膜下出血（p.123），很容易造成猝死，即使沒有死亡也經常留下癱瘓等後遺症。

　　血管沒破裂就沒有關係嗎？不，研究發現，長期持續的高血壓會促進動脈硬化。所謂的動脈硬化是膽固醇（p.49）或鈣質沉積在動脈壁中，導致血管變硬變細。發生動脈硬化的血管很容易阻塞，或是比較容易破裂。即使沒有完全阻塞，變細的動脈也無法讓充分的血液流通，使得該處的細胞無法獲得足夠的血液，血流不足導致組織機能變差。動脈

硬化會緩慢地逐漸惡化。

　　**➡ 血壓過高會引起動脈硬化或腦出血。**

　　那麼血壓是愈低愈好囉？血壓低時的確發生動脈硬化的機會可能比較低。但是如果血壓過低，血液無法充分流到腦部等全身各個部位，就會造成血液供給不足。尤其是由平躺的狀態快速起身時，血壓的變化跟不上身體姿勢的變化，造成流向腦部的血液瞬間不足。這種情況稱為「姿勢性低血壓」。血壓就跟世間的所有事情一樣，過與不及都是不好的。

　　**➡ 血壓過低時，無法將血液供給至全身。**

　　如果血壓過低的原因來自心臟疾病，是非常棘手的問題。心臟打出的血液量不足，無法充分供給到全身，這種狀態稱為心衰竭。心衰竭是心臟本身的疾病，最常見的原因是心臟過度疲勞。視心衰竭的嚴重程度而定，可能需要接受專門醫師的積極治療。

　　**➡ 心衰竭是無法將血液充分供給到全身的狀態。**

## ● 血壓的兩個數值

　　心臟持續不斷地收縮與舒張。只有收縮時可以送出血液，舒張時無法送出血液。換句話說，血壓也會一直隨著心臟的收縮與舒張而持續波動，在心臟收縮的時候升高，舒張的時候降低。最高的血壓稱為收縮壓，最低的血壓稱為舒張壓，也有人將收縮壓稱為最高血壓、舒張壓稱為最低血壓。而收縮壓和舒張壓的差值稱為脈壓差。

　　**➡ 血壓有收縮壓和舒張壓兩個數值，差值稱為脈壓差。**

## ● 測量血壓的方法

　　那麼各位是否曾經測量過血壓呢？將一條帶子套在手臂上，將聽診器放在手肘內側，然後不斷按壓一個小球將帶子充氣，有沒有量過呢？套在手臂上的帶子（稱為壓脈帶）除了充氣之外，沒有其他功能，裡面

可以容納空氣、提高壓力，此外還有魔鬼氈可以固定在手臂上，就只有這樣而已。將聽診器放在手肘內側是因為這邊有動脈（肱動脈）通過，將聽診器放在動脈正上方以聽見動脈的聲音。

**➡ 量血壓時通常測量上臂的血壓。**

量血壓時，首先將壓脈帶套在手臂上，用手指找出手肘內側的肱動脈，確認摸到脈搏後將聽診器放在肱動脈上；摸不到脈搏時，則將聽診器放在大約的部位即可。這時應該還聽不到任何聲音。接著將空氣打入壓脈帶中，持續打到空氣壓力比收縮壓還要高為止，也就是圖3中(A)的狀態。此時箍住手臂的壓力大於血管擴張的壓力（也就是血壓），血管會整個被壓扁，血流完全中斷。當然也不會有聲音。然後慢慢一點一點將空氣放掉，降低壓力，當壓力低於收縮壓時，會開始有少量的血液流出，也就是圖3中(B)的狀態。此時血液產生亂流，就會發出聲音。開始出現聲音的壓力就是收縮壓。持續降低壓力，當箍住手臂的壓力低於舒張壓時，動脈的血流不再受到任何阻礙，聲音又會消失，也就是圖3中(C)的狀態。聲音消失時的血壓就是舒張壓。

圖3中(B)時聽見的聲音，還有一點值得一提。壓脈帶的壓力介於收縮壓與舒張壓之間時，血液雖然可以流過，但是血管仍然比較狹窄。第55頁介紹心音時曾說明過「血液通過狹窄部位時會發出心雜音」，血管也和心雜音一樣，當血液通過狹窄部位時會發出聲音。仔細聽會發現聲音會隨著壓力的變化而有些微的差異，不過重點只要知道聲音出現與消失時觀察到的血壓分別是收縮壓與舒張壓就可以了。自動血壓計測量的原理也是一樣，只是用機器取代人的耳朵來判斷聲音的有無。

**➡ 將帶子套在上臂上，慢慢降低壓力，出現聲音時的壓力是收縮壓，聲音消失時的壓力是舒張壓。**

雖然一般是將壓脈帶套在上肢，但只要能聽見動脈的聲音就可以測量，所以腿部也能用完全一樣的方式測量血壓。罹患某些疾病時，必須要同時測量雙手雙腳的血壓。手腕或是手指也可測得血壓，不過經驗上

來說這些部位的準確度較差。此外，用於腿部的壓脈帶較長、兒童用的壓脈帶較短。新生兒用的壓脈帶更小，非常可愛。

➡ 腿部也可以測量血壓。

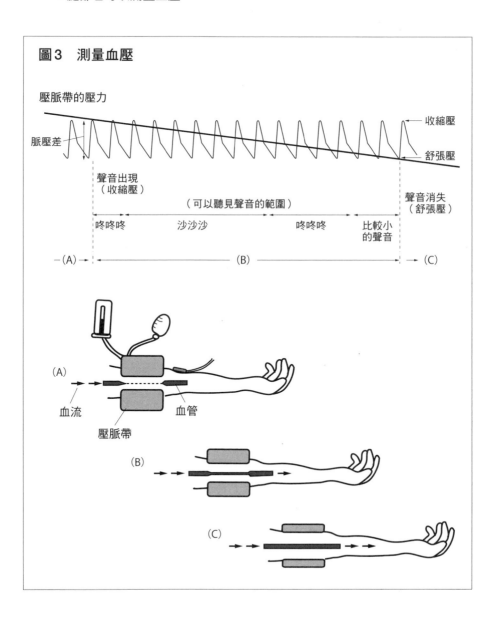

圖3　測量血壓

physiology **12**

尿液至少要有兩個易開罐的量

# 排泄與泌尿器官

## ●什麼是排泄？

　　將體內產生的廢物或毒物排出體外的過程稱為排泄。人體內進行代謝[10]反應時，一定會產生廢物。最具代表性的廢物就是二氧化碳與水。二氧化碳會由肺臟排出，所以肺臟也可以算是排泄器官。二氧化碳之外的其他廢物則幾乎都是藉由腎臟，以尿液排出體外，所以腎臟是最主要的排泄器官。其他排泄方式還有經由肝臟以膽汁排出（例如膽紅素等）。

　　**➜腎臟、肺臟、肝臟是主要的排泄器官。**

　　蛋白質分解後的代謝物是尿素（p.40）。尿素由肝臟產生，由腎臟排除。其他廢物還有核酸（如DNA）的代謝物尿酸等。尿液就是含有這些尿素與尿酸的排泄物。

　　腎臟除了排出廢物之外，也可以排出過多的水分和鹽分。即使我們毫無節制地攝取水分和鹽分，辛苦的腎臟也會精確計算出身體需要的水分和鹽分量保留在體內，然後將過多的部分全部由尿液排出。順帶一提，根據生理學上的定義，糞便並不是排泄物，因為糞便只是食物由口腔進入後形成的殘渣，並不是代謝的產物，也不是新生成的物質。

　　**➜尿液中的主成分是尿素與尿酸。**

## ●腎元

---

10 代謝是指生物體內持續進行將物質分解與合成的化學反應。

接下來讓我們探討腎臟如何產生尿液。如圖1所示，尿液由腎絲球與腎小管產生。每個腎絲球上都連接著一條腎小管，合在一起統稱為腎元。腎臟中大約含有一百萬個腎元，換句話說，腎臟是由腎元集合而成的。在學習腎臟生理機能的時候，我們也可以暫時將腎臟想像成一個巨大的腎元。

➡ **腎臟功能的最小單位稱為腎元，腎元由腎絲球與腎小管構成。**

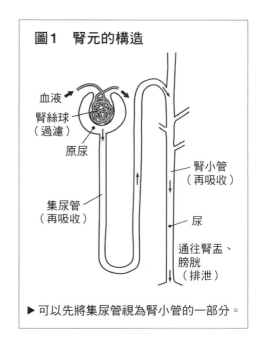

**圖1　腎元的構造**

血液
腎絲球（過濾）
原尿
集尿管（再吸收）
腎小管（再吸收）
尿
通往腎盂、膀胱（排泄）

▶ 可以先將集尿管視為腎小管的一部分。

血液進入腎元後，首先會由腎絲球過濾血液。過濾後的液體稱為過濾液或原尿（crude urine）。接著腎小管會吸收原尿中的多種物質，調整其成分與含量，產生最後排出體外的「尿液」。腎小管可以重新吸收過濾後的水分或物質，這種吸收作用稱為再吸收。簡而言之，產生尿液的過程包括腎絲球的過濾與腎小管的再吸收。

➡ **產生尿液的過程包括腎絲球的過濾與腎小管的再吸收。**

## ●腎絲球的作用

腎絲球過濾的原理在小學的自然科學就已經學過。在小學的實驗中，泥巴水通過濾紙之後會變得澄清，泥土的顆粒比濾紙的孔隙大，因此會被留在濾紙上無法通過，過濾液中只會留下小於濾紙孔隙的粒子。

腎絲球過濾也是完全一樣的原理。溶解在血液中的物質是否可以通過腎絲球的過濾，是由其粒子的大小決定。小的粒子會通過過濾，大的粒子無法通過過濾。所以原尿中只含有比較小的粒子。所謂的小粒子包

# 這個不可以丟！

田中家處理垃圾的方式和腎元很像。首先把可以丟掉的東西全部集中在一起（過濾），接著再回收其中有需要的東西（再吸收）。剩下的就是不需要的部分（尿）。

括水分子、鈉離子、葡萄糖等。無法通過過濾的物質則有白蛋白（p.22）等蛋白質。也就是說，只有比白蛋白還小的物質可以通過過濾，比白蛋白大的物質無法通過過濾。

**➡ 只有比白蛋白小的物質才能通過腎絲球的過濾。**

各位在學校的健康檢查曾經檢驗過尿液嗎？尿液檢查的其中一個項目是尿蛋白。正常情況下，尿液中不含有蛋白質，尿蛋白的檢查結果應該是陰性。如果腎絲球發生疾病，網狀結構的部分會張開，本來不應該通過過濾的白蛋白也會漏出去，混在尿液中。此時尿液中含有蛋白質，尿蛋白檢驗的結果呈現陽性，而尿液中的蛋白質就是白蛋白。

所以尿蛋白的檢查目的是評估腎絲球是否有異常。

➡ **正常的尿液中不含有蛋白質。**

　　腎絲球的過濾作用還有另一個重點，也就是過濾是藉由血壓進行的。之前提過小學的自然科學實驗，是藉由重力讓水往下流。在腎絲球中，其孔隙相當於濾紙，而將血液擠過孔隙的力量，是腎絲球血管中由內向外的推力，也就是血壓。所以當血壓太低時就沒辦法過濾，無法產生尿液。

➡ **腎絲球中藉由血壓產生的力進行過濾。**

　　粒子的大小會決定是否可通過腎絲球的過濾，和這項物質對生物的重要程度無關，完全由大小決定。只要可以通過腎絲球的孔隙，任何東西都會通過過濾。換句話說，原尿中除了廢物之外，也含有很多對生物非常重要的物質。

➡ **原尿中也含有很多重要的物質。**

## ● 腎小管的作用

　　原尿中除了含有廢物之外，也含有很多種要的物質，所以身體必須回收原尿中的重要物質。進行回收動作的是腎小管。腎小管會挑選原尿中有需要的物質，選擇性的加以吸收。過濾之後再進行吸收，這種在腎小管中進行的吸收作用稱為再吸收。

➡ **腎小管會進行再吸收。**

　　各位知道健康人的尿量有多少嗎？應該沒有測量過吧，不過一天大概會有 1 ～ 1.5 公升左右。而原尿的量則是一天大約 150 公升，尿液量不到原尿量的一百分之一。換句話說，腎絲球過濾出來的水分有99%以上會被腎小管再吸收回去。腎小管再吸收的主要物質是水、鈉、葡萄糖。水和鈉會再吸收99%以上，葡萄糖則是會百分之百完全再吸收，所以健康人的尿液之中完全沒有葡萄糖。

➡ **葡萄糖會在腎小管中被百分之百完全再吸收。**

## ●尿液裡面居然有糖！

　　各位應該都聽說過糖尿病這種疾病吧？這是胰島素不足造成血糖值升高，引發身體多處問題的一種疾病（p.96）。糖尿病患者的尿液中含有葡萄糖。為什麼會有葡萄糖呢？

　　剛才提過，葡萄糖會在腎小管中被百分之百完全再吸收，但是腎小管再吸收的能力是有限度的。葡萄糖會直接通過腎絲球的過濾，所以血液中的葡萄糖濃度與原尿中的葡萄糖濃度完全相同。糖尿病患者的血糖值升高，因此原尿中的葡萄糖濃度當然也會變高，超過一定程度，大概是正常值的兩倍左右時，腎小管再吸收的速率就趕不上了，此時無法被再吸收的葡萄糖就會混入尿液中被排出。也就是說，糖尿病患的尿液中有葡萄糖並不是因為腎臟不好，而是因為血糖值太高。所以除了糖尿病之外，只要會讓血糖值升高的疾病，進行尿液檢查時，尿糖都會呈現陽性。

　　➡ 腎小管再吸收葡萄糖的能力有限，血糖值過高時，無法被再吸收的葡萄糖就會進入尿液中。

## ●需要多少尿液量？

　　接著我們來談談尿液的量。尿量會隨著身體的狀況改變。一般來說一天大約有 1 ～ 1.5 公升，如果大量出汗、口渴也沒有喝水的話，尿液會變濃、尿量減少。但無論如何一天的尿量仍然會有 500 毫升以上。因為腎臟的濃縮能力有限，只能將尿液濃縮到一個程度。如果尿量一天不到 500 毫升，就無法排出體內所有的廢物，所以，當一天的尿量小於 500 毫升時，廢物就會累積在體內。

　　➡ 一天的尿量必須在 500 毫升以上，才能排出廢物。

　　身體會依照體內的水分量精準地控制尿量。控制尿量的主要激素是由腦下垂體後葉分泌的抗利尿激素（ADH，p.98）。腎小管對水分的再吸收率為 99% 以上，但是如果 ADH 完全不分泌時，水分的再吸收率會

## 糖尿病患的尿液是甜的嗎？

（註）這是筆者在念書時，生理學教授在課堂上講的故事。

降到90%左右。各位是否覺得99%跟90%感覺差不了多少呢？讓我們代入實際的數字，進行一些簡單的計算來看看99%與90%之間的差異。

前面提過，原尿的量一天大約有150公升。正常情況下會有99%被再吸收，無法再吸收的水分就會形成尿液排出體外，所以尿液的量是原尿的1%。150公升的1%是1.5公升，所以一天的尿量為1.5公升。如果再吸收率降到90%，尿量會是150公升的10%，也就是15公升。一天的尿量有15公升是很嚴重的事情。換算成一個小時上幾次廁所，幾乎是

一整天都無法離開廁所，連睡覺的時間都沒有。實際計算之後，相信各位應該可以充分體會到99%與90%之間的差異有多大了。ADH不足造成尿量增加的疾病稱為尿崩症。

➡ **腎小管再吸收量減少時，尿量會增加。**

## ● 尿路是單行道

腎臟產生的尿液會經由「輸尿管（連接腎臟與膀胱的管道）→膀胱→尿道」的路線排出體外。這條路徑稱為尿路。尿路唯一的作用就是尿液通過的管道，尿液經過尿路的過程中，成分不會發生變化。

➡ **輸尿管、膀胱、尿道合稱為尿路，尿液經過尿路的過程中，成分不會發生變化。**

尿路的另外一個特徵是尿液只會沿單一個方向流動。換言之，尿液只會經由輸尿管→膀胱→尿道的方向流動，不會逆流。尿道與外界相連，一些致病的細菌會在其中逗留。但是因為尿液只會沿單一個方向流動，所以尿道中的細菌很難進入膀胱，也更難進入腎臟。

➡ **尿液在尿路中沿單一個方向流動，絕對不會逆流。**

## ● 排尿的機轉

膀胱由平滑肌構成，是儲存尿液的袋子。尿意，也就是累積了多少尿液的感覺，是來自於膀胱壁的緊繃程度。不是膀胱的大小，而是膀胱壁繃緊的程度。所以尿液不見得會和膀胱中的尿量成正比。有時膀胱並沒有脹大，但是因為精神緊張導致膀胱壁的平滑肌收縮，膀胱壁緊繃，也會感覺到有尿液。所以，也可能即使尿量很少，尿意仍然很急，或者是累積了很多尿量但仍然沒有什麼尿意。

➡ **尿意是膀胱壁緊繃程度的感受。**

膀胱中累積了一定的尿液之後，就會排尿。排尿的動作與自律神經有關，是很複雜的一項動作。幼兒沒有辦法順利地在不想排尿時憋尿，也沒辦法只在想排尿時才排尿。所以小孩很容易尿褲子。

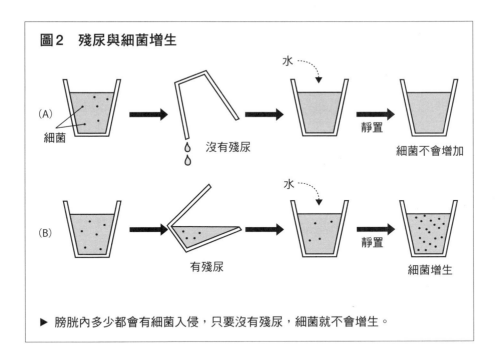

圖2　殘尿與細菌增生

(A) 細菌

水

沒有殘尿

靜置

細菌不會增加

(B)

水

有殘尿

靜置

細菌增生

▶ 膀胱內多少都會有細菌入侵，只要沒有殘尿，細菌就不會增生。

　　一次的排尿動作就會將膀胱中的尿液完全排出，也就是不會有殘留的尿液。沒有殘留尿液這一點非常重要，和尿路是單行道一樣，都是避免外界細菌入侵的重要機制。為什麼沒有殘尿能預防感染請參考圖2。原理如同流動的水很清澈，但水流一旦停滯則會變髒。

　　➜ 排尿後膀胱中不會殘留尿液。

　　致病菌進入尿道稱為尿道炎，進入膀胱稱為膀胱炎。患者會感覺搔癢不適，但不會發高燒。致病菌進入腎臟時稱為腎盂腎炎，會產生高燒。女性的尿道比男性短，因此比較容易發生膀胱炎。為了預防膀胱炎，應該大量飲水，儘量不要憋尿。憋尿的時候，細菌會不斷增生。另一個重點是維持尿道的出口清潔。很多膀胱炎的案例是來自不清潔的性行為。用不乾淨的手接觸泌尿生殖器很容易造成感染。從醫學的角度來說，建議進行性行為之前儘量先洗澡，至少也要洗手。

　　➜ 不清潔的性行為是造成膀胱炎的原因。

## ●腎臟除了產生尿液之外的功能

　　腎臟除了產生尿液之外還有其他很多不同的功能。本書先介紹其中的三種。第一種是分泌稱為紅血球生成素的細胞激素（p.90），促進紅血球的產生。腎臟和貧血具有密切的關聯，腎臟不好時也會貧血。所以腎臟也屬於內分泌器官之一。第二種功能是調節血壓。腎臟會參與血壓的調節，腎臟不好的人經常血壓也會升高。第三種是活化維生素D。食物中含有維生素D，人體也可以利用日光自行合成，但是這樣的維生素不具有活性，必須要藉由腎臟細胞的代謝活化。維生素D與鈣質的代謝有關，所以腎臟不好的時候容易骨質疏鬆。

　　➡除了產生尿液之外，腎臟還參與紅血球生成、調節血壓、鈣質代謝。

## ●腎衰竭與血液透析

　　腎臟無法正常運作的狀態稱為腎衰竭。發生腎衰竭時，廢物會累積在體內，因此治療時必須要用人工的方式取出血液中的廢物。人工腎臟是洗腎裝置中具有極微小孔洞的人造薄膜。薄膜的孔洞只能讓水分與葡萄糖等小分子通過，白蛋白等大分子無法通過。將人工膜製成細管狀，

**圖3　血液透析裝置**

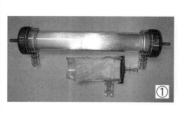

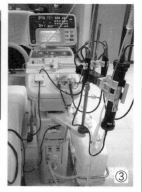

①：血液透析柱的外觀與內部。細管狀的膜集結成束。
②：內部的剖面。
③：血液透析裝置的整體外觀。

大約一萬根集合成一束，血液流經管內，清潔的水[11]流經管外，就能將廢物由血液中分離出來，這個過程稱為血液透析（圖3）。血液透析時，主要可排出血液中的尿素等廢物、過剩的鈣離子等離子，以及過剩的水分。人工腎臟只能取代真正腎臟一部分的功能，無法排出大分子的廢物，當然也沒有產生紅血球生成素的功能。腎衰竭最根本的治療方式是腎臟移植。順帶一提，移植的腎臟會放在右下腹。

➡ **腎衰竭時必須接受血液透析。**

---

11 實際上為水溶液。

physiology **13**

経由物質傳遞訊號

# 內分泌

## ●細胞間的指令傳遞

在人體中，細胞將指令傳遞給其他細胞最常用的方式是分泌。細胞分泌出特定物質，將訊號傳至細胞外，其他細胞接獲訊號傳遞物質後加以解讀，接受指令。換句話說，發出指令的細胞分泌訊號傳遞物質，接收指令的細胞接受訊號傳遞物質。請記得，訊號的傳遞就是「分泌與接收訊號傳遞物質」的過程。

➡ **細胞之間藉由分泌與接收訊號傳遞物質，進行指令的傳遞。**

傳遞指令時，重點在於只能傳給目標的細胞，而不可以傳到其他細胞。要怎麼區分傳遞的目標呢？訊息又要怎麼傳給距離很遠的細胞呢？首先讓我們由區分目標的方式談起（圖1）。

➡ **細胞之間的指令不可以傳給目標以外的細胞。**

如果傳遞訊息的目標很接近，分泌出來的訊息傳遞物質很容易就能到達。訊息傳遞物質的濃度在分泌細胞的四周會最高，距離愈遠，濃度愈低，在很遠的位置會幾乎降到零。也就是說，如果目標細胞位於分泌細胞旁邊，那麼只要直接進行分泌就好，就能把訊息傳遞給附近的細胞。這種方式經常用於僅限於組織內部的訊息傳遞，而這種訊息傳遞物質稱為細胞激素（cytokine）。

➡ **細胞激素可對附近的細胞產生作用。**

目標細胞距離很遠時又該怎麼辦呢？有兩種方法。第一種是把「手」伸向目標細胞，只要「手」能接觸到，就可以快速的傳遞訊息。

但是如此一來分泌細胞與目標細胞之間就必須要有完整的訊息網路。這種情況的例子就是神經。而且神經只能選擇性地將訊息傳給「手」有碰到的細胞。換言之，神經細胞的目標細胞是固定的，神經網路不變的情況下就不可能改變目標細胞。所以神經的特徵是傳遞訊息時「速度極快」、「只能傳遞給特定的目標」。神經細胞會由末梢分泌出訊息傳遞物質，將訊息傳給目標細胞。

**➡ 神經傳遞訊息的速度極快，只能傳遞給特定的目標。**

　　另一種將訊息傳遞至遠處的方式是利用激素。這種方式就像是將公文發給所有人，但只有看得懂的人可以接受到指令。此時用來傳遞訊息的物質就是激素。激素會被分泌至血液中，傳播至全身，換句話說，激素的濃度在全身的所有部位都相同。

**➡ 激素的濃度在全身都相同。**

　　細胞激素會被體液稀釋，在這一點上，細胞激素也可視為一種荷爾蒙（激素）。而細胞激素、激素與神經的訊息，都是細胞分泌出來的訊息傳遞物質。差異在於目標細胞是近（細胞激素）、是遠（激素），或是否為特定的細胞（神經）。另一項差異是訊息傳遞物質傳到目標細胞所需的時間。細胞激素與激素都需要花一些時間，但是神經只要一瞬間就能完成訊息傳遞。

**➡ 激素與神經都是可以分泌訊息傳遞物質的系統。**

　　激素又是怎麼區分傳遞訊息的目標呢？打個比方來說，用日文寫的指令只有日本人才看得懂，用阿拉伯文寫的指令只有阿拉伯人才看得懂。激素的訊息也只有特定的細胞可以解讀。例如，促甲狀腺素（TSH）這種激素會傳遞到全身所有的細胞，但是只有甲狀腺細胞可以了解TSH的意義，其他的細胞完全無法判讀。

**➡ 激素只會對可以理解其意義的細胞產生作用。**

**圖1 傳遞指令的方法**

[細胞激素]

[激素]

*aufstehe!* （德語）
＝起立！

（只有惣一郎聽得懂德語）

[神經]

▶ 細胞激素可以將資訊傳給附近的細胞、激素只傳給全身中可以了解指令的細胞、神經則是迅速傳給特定的目標。

## ● 激素與受體

細胞接收激素的部位稱為受體（receptor）。與其說是「部位」，或許說「裝置」會更貼切。受體由蛋白質構成，有些位於細胞表面，也有些位於細胞內部。受體與激素結合後，可以解讀激素的意義，將訊息傳遞給細胞的中樞部位。也就是說，細胞必須要有特定激素的受體，才能夠了解該激素所帶有的訊息。受體的有無，也就代表了激素能不能對細胞產生作用。

➡ 激素必須藉由受體的媒介才能產生作用。

激素只能與特定的受體結合。比如說，甲狀腺素就只能和甲狀腺素受體結合，胰島素只能和胰島素受體結合。

➡ 激素與其特定搭配的受體結合後才會產生作用。

需要藉由受體媒介傳遞訊息的不只有激素。之前介紹過的細胞激素，也是要藉由細胞激素受體將訊息傳遞至細胞中。神經的訊息也需要藉由神經傳導物質的受體傳遞。神經傳導物質的受體位於突觸中。關於突觸的說明請參閱第99頁。

➡ 神經與細胞激素的訊息也必須藉由受體的媒介傳遞。

## ● α 受體與 β 受體

接著讓我們討論稍微深入一點的內容。沒有受體的細胞就無法了解激素的訊息。具有受體的細胞可以了解訊息，但每一種受體都會傳遞出一樣的訊息嗎？不是的。同一種激素與不同受體結合時，傳遞的資訊可能完全相反。光看這樣的說明可能有些難懂，讓我打個比方來說明。一位媽媽對兒子說：「無雞鴨也可無魚肉也可豆腐不可少放鹽」。各位覺得兒子會怎麼做呢？兒子A聽成：「無雞鴨也可，無魚肉也可，豆腐不可少放鹽」，所以煮了一道很鹹的豆腐。兒子B聽成：「無雞、鴨也可；無魚、肉也可；豆腐不可。少放鹽」，所以煮了清淡的鴨和肉。兒子C從小都在國外念書所以聽不懂中文，就沒去煮菜。即使下了同一道

## 我的想法是這樣！（譯註：日文的諧音笑話）

同一句話在不同人耳裡聽到的意思可能完全不一樣。同一種激素與不同受體結合時具有的意義也完全不同。

指令，聽的人不同，結果也不同。指令的作用取決於受體。換言之，受體的種類不同時，激素的作用也會不同。

**➡ 激素的作用隨受體而異。**

舉例來說，腎上腺素由腎上腺髓質分泌（作用與交感神經分泌的正腎上腺素相同）。一般來說，腎上腺素可以讓血管收縮，也就是血管細胞（準確來說是血管的平滑肌細胞）上的腎上腺素受體與腎上腺結合後，會判讀出「收縮」的指令，因此造成血管收縮。這種受體稱為 $\alpha$ 受體。但是，使用阻斷 $\alpha$ 受體功能的藥物後，腎上腺素反而會讓血管

擴張。同樣是腎上腺素，作用卻完全相反。這是因為血管上除了 α 受體之外還有 β 受體。β 受體與腎上腺素結合後解讀到的指令是「放鬆」，因此會讓血管擴張。β 受體傳遞的訊息與 α 受體完全相反。

　　血管的平滑肌細胞上具有兩種受體，α 受體較多，β 受體較少。一般情況下，數量較多的 α 受體傳遞的訊息會占優勢，因此腎上腺素會讓血管收縮。但是用藥物阻斷 α 受體的功能後，腎上腺素會在 β 受體的媒介之下讓血管擴張。

　　**➡ 腎上腺素受體有 α 受體與 β 受體兩種，作用完全相反。**

　　血管平滑肌細胞中 α 受體的數量較多，所以腎上腺素會讓平滑肌收縮。但是肺部的支氣管平滑細胞卻是 β 受體的數量較多，因此給予腎上腺素可以讓支氣管的平滑肌放鬆，使支氣管擴張、呼吸順暢。由於這種特性，氣喘發作時（此時支氣管的平滑肌會收縮）給予腎上腺素可以放鬆支氣管平滑肌，改善氣喘發作。

　　**➡ 腎上腺素可使血管收縮、支氣管擴張。**

## ●內分泌

　　激素由專門分泌激素的細胞產生之後分泌至血液中。由於是分泌至體內，所以被稱為內分泌。而分泌至體外則稱為外分泌。外分泌物質的代表有汗水與消化液（消化道內部視同體外）。只要是分泌物質的組織，就稱為腺體。構成內分泌腺的細胞包括負責製造激素的細胞（稱為腺細胞）與運送激素的血管。外分泌則包括負責製造外分泌物質的細胞（也稱為腺細胞），以及將外分泌物質送至外界的管道細胞和血管。肺部也是很具有代表性的外分泌腺之一（分泌痰液），肺泡細胞就是製造外分泌液的細胞，支氣管與氣管則是管道細胞。內分泌與外分泌的差異只在分泌至體內或是體外而已。

　　**➡ 激素由內分泌細胞產生，分泌至血液中。**

## ● 調節激素分泌的機轉

激素的分泌量有時也是由激素進行調節。舉例來說，性腺會分泌性激素，其分泌量則是由腦下垂體分泌的促性腺激素進行調節。以公司的組織來比喻，性腺就像是基層員工，腦下垂體則是經理。那麼，經理又是由誰管理呢？是腦部的下視丘，地位相當於總經理。下視丘可以分泌激素，調節腦下垂體的激素分泌量。因此，激素的分泌量會受到其他激素的調控。

青春期第二性徵的發育，是由腦部開始的。進入青春期後，首先開始發育的不是性腺，而是腦部成熟之後，再由腦下垂體將訊號傳遞給性腺，使其開始發育。

➡ 有些激素的分泌量是由其他激素進行調控。

那麼總經理又是由誰來管理呢？是基層員工。由基層員工控制總經理的機制稱為回饋（feedback）。當性激素的量增加時，總經理會受到抑制，設法減少性激素的量。換言之，總經理會監督員工的工作表現，員工不認真時，社長也會受到刺激，員工工作表現良好時，社長也不用那麼認真。所以員工的工作表現，也就是性激素的量可以維持在一定範圍內（圖2）。在人體中，回饋的機制不僅限於激素，還出現在許多地方，是維持身體狀態穩定的重要機制，稱為恆定性（homeostasis）的維持。

➡ 恆定性維持是生物存活的重要機制。

讓我舉些恆定性的例子。胰島素具有降低血中葡萄糖濃度（血糖值）的作用。胰島素的分泌量與血糖值成正比。也就是血糖值上升時，胰島素的分泌量也會上升，使得血糖值降低。當血糖恢復到原來的濃度時，胰島素的分泌就會停止，如此一來就能將血糖值維持一定。另一個例子是體溫與出汗。體溫升高時會流汗，讓體溫降低，當身體的溫度降到正常時，就會停止出汗，因此讓體溫維持一定。所以生物即使處於變化的環境中，也能適應變化，讓自己的狀態維持穩定。

➡ 生物即使處於變化的環境中，也能讓自己的狀態維持穩定。

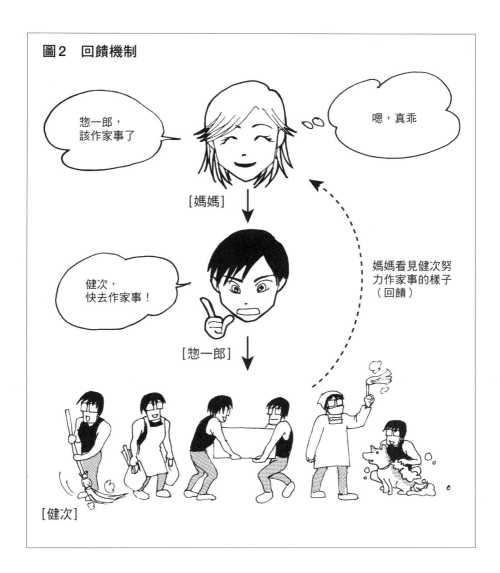

圖2　回饋機制

[媽媽]
惣一郎，
該作家事了
嗯，真乖

[惣一郎]
健次，
快去作家事！

媽媽看見健次努
力作家事的樣子
（回饋）

[健次]

## ●激素的種類

　　人體中有非常多種的激素，以下是激素的列表。同一種激素可能會
有不同的名稱，例如甲狀腺素又稱為thyroxine，前者使用分泌激素的器
官加以命名，後者則是音譯。我們也經常使用激素的英文簡稱，因此很
容易混淆，要特別注意。

## 表1 主要的激素

| 分泌部位 | 激素名稱（簡稱） | 主要作用 |
|---|---|---|
| 腦部下視丘 | 促甲狀腺素釋放素（TRH）<br>促腎上腺皮質素釋放素（CRH）<br>促性腺素釋放素（GnRH） | 促進 TSH 分泌<br>促進 ACTH 分泌<br>促進 FSH、LH 分泌 |
| 腦下垂體後葉 | 抗利尿激素（ADH）<br>催產素 | 促進腎臟的水分再吸收<br>促進子宮收縮 |
| 腦下垂體前葉 | 生長激素（GH）<br>促甲狀腺素（TSH）<br>促腎上腺皮質素（ACTH）<br>促濾泡成熟素（FSH）<br>黃體生成素（LH）<br>泌乳素 | 促進骨骼成長<br>促進甲狀腺素分泌<br>促進腎上腺素分泌<br>促進濾泡發育<br>促進黃體生成<br>促進乳汁分泌 |
| 甲狀腺 | 甲狀腺素（T3、T4） | 促進代謝 |
| 副甲狀腺 | 副甲狀腺素（PTH） | 提高血液中的鈣濃度 |
| 腎上腺皮質 | 皮質醇<br>醛固酮 | 抑制發炎、升高血糖<br>於腎臟中抑制鈉的再吸收 |
| 腎上腺髓質 | 腎上腺素 | 提高血壓、刺激心臟、提高血糖值 |
| 胰臟 | 胰島素<br>升糖素 | 降低血糖值<br>提高血糖值 |
| 卵巢 | 雌激素（濾泡荷爾蒙）<br>黃體素（黃體荷爾蒙） | 促成懷孕<br>維持懷孕 |
| 睪丸 | 雄性素 | 男性化 |

physiology **14**

神經與數位電腦

# 神經元與突觸

## ● 神經與激素

　　「13 內分泌（p.90）」中提過，細胞之間的訊息傳遞方式包括激素與神經。兩種方式的基本原理都是將訊息傳遞物質分泌至細胞外，目標細胞接受到分泌的物質後加以解讀。不過神經與內分泌系統的差異在於，神經會將「手」伸到目標細胞，分泌出來的物質只會傳給目標細胞。神經由末梢分泌訊息傳遞物質，在很狹小的特定位置進行交換，交換的地方稱為突觸（圖 1）。突觸的構造讓分泌出來的訊息傳遞物質不易跑到其他地方，只會傳遞給目標細胞。神經分泌的訊息傳遞物質稱為神經傳導物質，分泌出來之後會迅速被分解後消失。

　　➡ 神經末梢會分泌訊息傳遞物質。

## ● 神經元

　　神經細胞又稱為神經元。神經元具有很多交換資訊用的突起（細胞主體則稱為細胞體），延伸至四周很廣的範圍。獲取資訊用的突起稱為樹突，傳出資訊用的突起稱為軸突。樹突的數目很多，不過軸突只會有一個。樹突可以延伸得多廣呢？以運動神經元為例，假設將細胞體的大小放大和棒球一樣大，那麼樹突的範圍大概可以延伸到一整間套房那麼大，而軸突的長度會達到一公里以上。當然，神經元有很多種不同的形狀大小。此外，樹突與軸突合稱為神經纖維。

　　➡ 神經元的細胞體周圍有許多樹突，以及一條軸突。

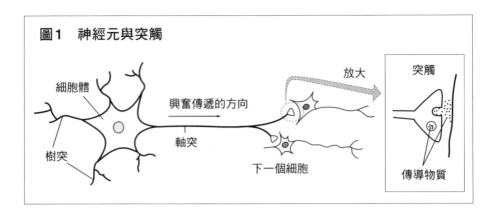

**圖1　神經元與突觸**

細胞體

興奮傳遞的方向

樹突

軸突

下一個細胞

放大

突觸

傳導物質

神經元會以樹突或是細胞體接受來自外部的訊息，也就是刺激。接著將訊息傳遞至軸突末端。接受訊息在神經元中是以電流變化的形式表現。電流的變化又稱為興奮。細胞的電流變化來自離子的進出。細胞內液（p.12）中鈣離子濃度較高，當鈉離子流入細胞中會產生電流的變化。其機制很困難，現在先記得神經元接收到刺激會產生興奮就可以了。

➡ **神經元收到刺激會產生興奮。**

## ●全有全無律與閾值

神經元只會有興奮與靜止兩種狀態，不會有中間狀態。興奮只會有或者是無，類似電腦的數位訊號只有零與一。

太弱的刺激不會讓神經元興奮。將刺激逐漸增強，一開始不會興奮，但強度到達一定程度就會興奮。接著即使再增加刺激強度，興奮程度也不會改變。興奮只會有，或是無，不會有興奮一半的狀態，也沒有強弱之分。會不會興奮的分界線稱為閾值。接受到超過閾值的刺激時，才會發生興奮。興奮只會全有或是全無，產生興奮具有閾值，這種特性不只存在於神經，只要是興奮性的細胞都一樣，例如肌肉細胞也是這個樣子。

➡ **超過閾值的刺激會使神經元興奮。**

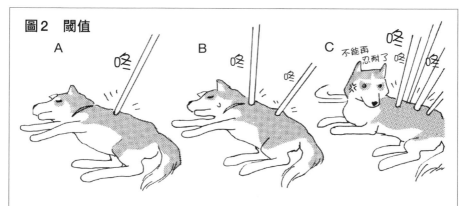

圖2　閾值

A　B　C

▶帕夫洛夫被戳一下時可以忍耐（A）。被戳兩下還是可以忍耐（B）。但是被戳四下就無法忍耐了。閾值就是B與C之間。

## ●神經網路

　　神經元彼此之間會相互聯繫，構成複雜的資訊網路。最密集的就是腦部（與脊髓）。腦部是由神經元集合而成的巨大結構，在腦部之外，神經元之間也會形成網路，比較小的集合結構散布在體內各處，稱為神經節。腦部與脊髓合稱為中樞神經系統，由中樞神經系統延伸出來的神經稱為周邊神經。

　　➡人體的神經系統可分為中樞神經系統與末梢神經系統。

---

**MEMO**　神 經 傳 導 物 質 的 釋 放

光看突觸的示意圖，可能會認為「一次興奮只會釋出一次神經傳導物質，放出的神經傳導物質只會讓下一個神經元興奮一次」，實際上這種情況很少。學習突觸的機制時，可以先這樣理解，但實際上每個突觸可能要興奮很多次（大致都要一百次以上）才會放出一次神經傳導物質。而且單一個突觸放出的神經傳導物質，通常都無法讓下一個神經元達到充分的興奮，必須要有多個突觸釋放出神經傳導物質，才會讓下一個神經元興奮。假設有一個突觸需要一百次的刺激才會釋出一次神經傳導物質，當突觸的結構產生變化時，可能會變成刺激十次（或一千次）釋出一次神經傳導物質。研究人員認為，腦部記憶的機制（p.116）就和這樣的突觸變化有關。

physiology **15**

無意識中運作的油門與煞車

# 自律神經

## ●交感神經與副交感神經

　　神經系統可分為中樞神經系統與周邊神經系統兩大類。中樞神經系統就是腦與脊髓，周邊神經系統則是腦和脊髓以外的神經。

　　讓我們先由周邊神經系統談起。周邊神經系統中有三種神經，感覺神經、運動神經與自律神經（圖1）。感覺神經會將全身獲得的資訊傳至中樞神經，運動神經與自律神經則將指令由中樞神經傳至全身。運動神經將指令傳給骨骼肌（p.130），讓骨骼肌隨意識收縮。

　　自律神經負責掌管內臟與器官，其中最重要的部分包括心肌、平滑肌、內分泌腺、外分泌腺。心肌就是心臟的肌肉。平滑肌位於血管，以及消化道（p.33）、支氣管（p.56）、膀胱（p.86）、眼睛的虹膜（p.107）、皮膚（p.133）等。自律神經負責調節這些肌肉的收縮與放鬆。自律神經還能調節內分泌腺與外分泌腺製造分泌物。換言之，自律

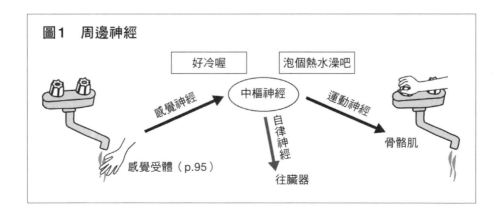

圖1　周邊神經

神經對所有臟器都有重要的作用。

➡ **周邊神經可分為感覺神經、運動神經、自律神經。**

　　自律神經還有另一項特性就是「無法以自主意識控制」。胃部的動作、血管收縮、分泌激素等等，都無法憑自己的意識加以控制。由於是在無意識中自動進行調控，所以才會被稱為「自律神經」。

➡ **自律神經無法以自主意識控制。**

## ● 油門與煞車

　　自律神經還可再分為兩類，交感神經與副交感神經。雖然也有例外，不過兩者的作用大致上剛好相反，就好像汽車的煞車油門一樣。基本上交感神經可以活化身體，而副交感神經則是鎮靜身體。換句話說，交感神經消耗能量，讓身體進行攻擊的準備，而副交感神經則是累積能量，讓身體進行防衛的準備。可以想成交感神經促成緊張的狀態，而副交感神經則是放鬆的狀態，就像原始人打獵時的樣子，以及獵到獵物後帶回家慢慢享用的樣子。

➡ **自律神經可分為交感神經與副交感神經，兩者作用剛好相反。**

## ● 自律神經的功能

　　讓我們來看看一些具體的例子，了解自律神經的作用。獵捕猛獸時是處於生死交關的情境，一不小心可能反而會丟了性命。心跳加速、血壓升高、呼吸粗重、毛髮豎立、大量出汗、瞳孔放大、口乾舌燥，沒時間去想進食或上廁所的事情。而獵到動物帶回去慢慢享用的時候，呼吸緩慢、心跳緩慢、血壓降低、毛髮不再豎立、不會出汗、瞳孔也收縮。此時唯一活躍的只剩消化器官，大量分泌唾液與胃液、消化道蠕動旺盛，也會排尿或排便。簡單來說，可以記住交感神經會活化消化器官以外的器官，而只有消化器官是受副交感神經活化。

➡ **交感神經活化心臟，副交感神經活化消化器官。**

---

**圖2　交感神經與副交感神經**

**交感神經占優勢時**

．亢奮狀態
．瞳孔放大
．呼吸粗重
．心跳加快
．出汗
．血壓上升

**副交感神經占優勢時**

．放鬆
．安穩
．促進消化作用

▶ 大體而言，交感神經會活化消化器官以外的器官，並抑制消化器官。而副交感神經則是活化消化器官並抑制其他的器官活動。

---

　　交感神經緊張時是什麼樣子呢？心跳速率加快，血管平滑肌收縮與心臟收縮力加強造成血壓上升，支氣管擴張（支氣管平滑肌放鬆）造成呼吸粗重，皮膚的豎毛肌收縮讓毛髮豎立，出汗量增加，瞳孔也放大，而口乾舌燥則是因為唾液分泌減少。以上這些都是交感神經的作用。反之，當副交感神經占優勢時，消化器官的作用活躍，唾液、胃液、腸液

大量分泌，腸胃道蠕動旺盛。腸道蠕動會促進排便。排便和排尿的動作是副交感神經的作用。順帶一題，勃起由副交感神經控制，射精則是由交感神經控制。男性讀者在射精時是否會感到心跳加速呢？

➡ **交感神經刺激會加快心跳速率，副交感神經刺激則會減緩心跳速率。**

所有的器官就是像這樣同時受到交感神經與副交感神經的調控。例如，交感神經的刺激可以讓心跳加快，副交感神經的刺激變弱也一樣可以讓心跳加快，兩者的效果是相同的。就像是放開油門和踩下煞車都一樣可以讓車速減慢。不過，如果一直持續重踩煞車和油門，會對身體產生不好的影響，可能引起自律神經失調（→備忘錄）。人體就是建立在交感神經和副交感神經的平衡之上。

➡ **人體建立在交感神經和副交感神經的平衡之上。**

副交感神經的末端會分泌一種稱為乙醯膽鹼的物質，用於傳遞資訊，因此被稱為神經傳導物質（p.99）。換句話說，副交感神經的神經傳導物質是乙醯膽鹼。交感神經的神經傳導物質則是正腎上腺素，正腎上腺素與腎上腺髓質分泌的激素腎上腺素（p.95）十分相近，作用幾乎相同。交感神經緊張時，交感神經末梢釋出正腎上腺素的同一時間，腎上腺髓質也會分泌出腎上腺素。

腎上腺素由日本人高峰讓吉發現並命名為 adrenaline，在美國則稱為 epinephrine。

➡ **交感神經的神經傳導物質是正腎上腺素，副交感神經的神經傳導物質是乙醯膽鹼。**

---

**MEMO**　自 律 神 經 失 調 症

自律神經失調症是指找不出內臟器官的異常，但卻發生頭痛、暈眩、疲勞、失眠、手腳冰冷、異常出汗、心悸、呼吸困難、胸悶、便祕、腹瀉等症狀的疾病。一般認為原因來自於交感神經與副交感神經失衡等機能失調。

## physiology **16**

自己的大便不會臭

# 感覺的機制

## ●感覺的種類與閾值

神經系統可分為中樞神經系統與周邊神經系統兩大類（p.102）。周邊神經中包括感覺神經。感覺神經的作用是將全身獲得的資訊傳至中樞神經。人體會持續監控全身的狀態，根據情況作出合適的反應。全身獲得的資訊也就是感覺，感覺又可分為我們可以意識到的感覺，與我們無法意識到的感覺。聲音、疼痛是我們可以意識到的感覺，血壓、腸道的膨滿程度、血糖值等則無法直接意識到，但是身體還是會持續監控這些感覺，作出反應。

➡ **感覺可分為自己可以意識到的感覺，與自己無法意識到的感覺。**

位於周邊的感覺受體負責獲取感覺。感覺受體聽起來好像很特別，不過其實就是感覺神經。感覺神經的末梢構造會產生各種變化，以感受特定的感覺。舉例來說，眼睛感覺神經的構造可有效感受光、皮膚的感覺神經則可有效感受壓力與疼痛。光與壓力都屬於一種刺激，當刺激的強度超過一定值時，感覺受體就會將承受到刺激的訊號傳送至中樞神經。這個一定值稱為閾值（p.100）。低於閾值的刺激無法產生感覺，什麼都感受不到，也就是對人體來說和沒有刺激一樣。

➡ **感覺刺激具有閾值。**

閾值愈低，感覺愈敏銳；閾值愈高，感覺愈遲鈍。這邊很容易產生誤解，請仔細閱讀以下的說明。閾值低表示可以感受到比較弱的刺激，但是感覺是會習慣的一種反應，持續接受相同的刺激後，閾值會變低或

變高。舉例來說，突然陷入一片黑暗時，一開始會什麼都看不見，接著又漸漸可以看到東西。這種現象就是對光線的閾值降低。上廁所的時候聞不太到自己的糞便，也是因為持續接觸糞便的氣味，造成對於糞便的嗅覺閾值暫時上升。

➡ **閾值愈低，感覺愈敏銳。**

除了皮膚之外，全身的組織都可以感受到痛覺與觸覺。尤其是內臟的痛覺，對身體來說是表示有危險的示警訊號。所以如果身體感覺到疼痛時，務必找出原因，不可以一味忍耐或是隨意使用止痛藥，忽略身體發出的警訊。

➡ **痛覺是告知人體有危險的訊號。**

小孩受傷時，母親輕柔的撫摸有助於緩和疼痛。疼痛由大腦感知，撫摸會使腦部產生腦內啡，具有緩和疼痛的作用。嗎啡等麻醉藥物也具有抑制疼痛的作用（p.126），與腦內啡作用於相同的受體（p.93）。

➡ **腦內啡可緩和疼痛。**

觸覺與痛覺合稱為體感覺，視覺與聽覺則稱為特殊感覺。在大腦皮質中，分別由不同的部位負責感受體感覺與特殊感覺。

➡ **觸覺與痛覺合稱為體感覺。**

## ●視覺

眼球的構造與照相機很像，具有等同於光圈、鏡頭、底片的結構。虹膜相當於光圈，鏡頭相當於水晶體和眼角膜，底片相當於視網膜（圖1A）。視網膜與負責感受光線的感覺神經（視神經）相連。虹膜會調節進入眼球內的光線量，使其維持在適當的範圍。如果光線量太多，視網膜和水晶體會受損。虹膜的瞳孔大小由可見光的量決定，但是紫外線對視網膜和水晶體的傷害比可見光更大。因此，保護眼睛不受強光傷害時，也要注意紫外線的防護。戴上太陽眼鏡時，瞳孔會放大，但有些便宜的太陽眼鏡無法阻隔紫外線，反而會讓更多紫外線進入眼球，造成更

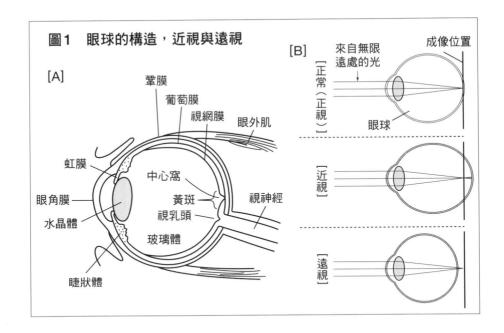

**圖1　眼球的構造，近視與遠視**

[A]

鞏膜
葡萄膜
視網膜
眼外肌
虹膜
中心窩
眼角膜
黃斑
視神經
水晶體
視乳頭
玻璃體
睫狀體

[B]
來自無限遠處的光
成像位置
[正常（正視）]
眼球
[近視]
[遠視]

大的傷害。

➡ **無法阻隔紫外線的太陽眼鏡對眼睛反而更不好。**

　　水晶體藉由改變厚度，讓視網膜上呈現出鮮明的影像。由於水晶體能改變厚度，我們才能清楚看見由近至遠的物體，這種機制稱為調節，水晶體的厚度是由睫狀體負責調節。

　　可以清楚看見的最近距離稱為近點，最遠距離稱為遠點。遠點位於無限遠處稱為正視，遠點比無限遠還近時稱為近視，比無限遠還遠時稱為遠視。近視的人看不清楚無限遠處的物體。遠視的人則是要刻意往近處看，才能看清楚無限遠的物體。矯正近視要使用凹透鏡，矯正遠視要使用凸透鏡。

➡ **遠視和近視是指遠點的位置偏離。**

　　造成近視和遠視遠點偏離的原因是眼球的大小改變了，而不是水晶體。近視來自眼角膜到視網膜的距離變長，遠視則是因為變短（圖1B）。換句話說，近視眼是眼球太大，遠視眼是眼球太小，目前還不太

清楚眼球會變大變小的真正原因。

➡ **近視眼是眼球太大，遠視眼是眼球太小。**

老花眼的原因是老化造成水晶體彈性降低，使近點與遠點之間的距離縮短，也就是水晶體的調節力變差，老花眼就與水晶體有關了。隨著老化，近點與遠點之間的距離愈來愈短，會先感覺近的東西看不清楚，所以遠視眼的人會先發現自己開始有老花眼。散光則是眼角膜或是水晶體不平滑，以致於水平和垂直方向的調節程度有落差。矯正方式是配戴圓柱狀的鏡片。

➡ **老花眼來自於調節能力變差。**

進行「視力」檢查時，檢驗的是將兩個點區分開來的視覺能力。各位應該都有作過視力檢查吧，檢驗時會測量能辨認多小的圓圈開口方向。將兩個點區分開來的視覺能力又稱為視敏度。

➡ **一般視力檢查是檢驗將兩個點區分開來的視覺能力。**

---

**MEMO**　　視 力 數 值 的 意 義

用於視力檢查的缺口圓圈稱為藍道爾環（Landolt ring）。視力的數值是由距離五公尺遠的地方所能辨別的最小缺口角度之分角（一度的1/60）倒數。換句話說，視力1.0最小可區分出1分角，視力0.5則最小可看清缺口2分角的藍道爾環。據說住在大草原上的人，視力可達到5.0或6.0。但是由視網膜上的細胞大小進行換算，人類不太可能有這麼高的兩點區分視力，所以我對此存疑。然而，實際上的視

1.5mm｜1.5mm｜7.5mm

測量視力1.0的
藍道爾環（放大圖）

力不光只靠兩點區分視力決定，還包括辨別物體的動態與對比的能力。從這一點上來說，「住在大草原上的人，視力比視力2.0的普通日本人還要好」則大致上是成立的。

---

視網膜上的光感覺受體可分為兩種視細胞，視錐細胞與視桿細胞。視桿細胞的閾值較低，可以感受微弱的光線，但無法區分顏色。視錐細胞含有可分別對藍光、紅光、綠光產生反應的三種視錐色素，因此可以區分顏色，但是閾值比視桿細胞高，所以需要一定程度的光量才能產生反應，這就是為什麼在晚上會看不清顏色。

　　視網膜視野中央的位置稱為黃斑部，此處的視錐細胞密度很高。距離視野中央愈遠的文字愈難辨讀，所以我們平常只能依靠黃斑部讀取文字。看星星的時候，稍微偏離視野中心的地方看得比較清楚，則是因為使用到了黃斑部旁邊的視桿細胞。

　　**➡ 黃斑部是視網膜上最重要的部位。**

　　魚類或鳥類的視網膜中含有三、四種視覺色素。烏龜也有視覺色素。鯉魚具有四種視覺色素，四原色色彩構成的世界應該很有趣吧。不過狗等大多數哺乳動物則幾乎不具有視覺色素，只有猴子和人類擁有三種視覺色素。魚類、兩棲類、爬蟲類、鳥類基本上屬於晝行性動物，通常不具有視覺色素的大多數哺乳動物屬於夜行性，猴子與人類則是又再度演化為晝行性動物。

## ● 聽覺

　　耳朵由外耳、中耳、內耳構成（圖2）。外耳和中耳是將聲音有效導入內耳的通道，內耳則具有可感受聲音的細胞。聲音不僅限於空氣的振動，也包括物體的振動。將耳朵貼在金屬棒或軌道上，再於遠端加以敲擊，可以聽見非常清晰的聲音。在潛水艇中也可以清楚聽見其他潛水艇的聲音。換言之，固體傳導聲音的效果比液體好，液體又比氣體好。

▶ 惣一郎的聲音遇到水面會被反彈，因此無法傳給友紀。

不過，潛進海裡或泳池中的時候，聽不見岸上或泳池畔的人的聲音。這是因為空氣的振動遇到水面會反彈，不會讓水振動。各位是否還記得，之前曾介紹過所有的細胞都被包覆在細胞外液中，也就是聲音的感覺受體（也是細胞）一樣是位於液體內。那麼人體是如何將空氣振動的聲音轉換為液體的振動呢？這項轉換是由中耳完成。

　　**➡ 聲音是氣體、液體、固體的振動。**

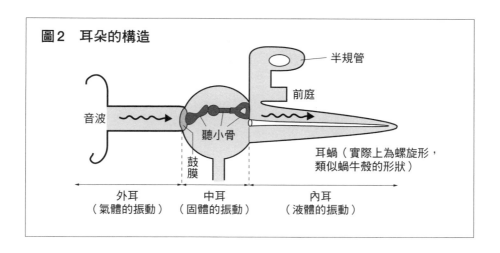

圖2　耳朵的構造

半規管

前庭

音波

聽小骨

鼓膜

耳蝸（實際上為螺旋形，類似蝸牛殼的形狀）

外耳
（氣體的振動）

中耳
（固體的振動）

內耳
（液體的振動）

外耳和中耳以鼓膜為分界。鼓膜的構造有如耳道內側皮膚向中心延伸生長出來的部分。換句話說，鼓膜也是皮膚的一種，具有血管和神經。鼓膜即使破裂，也會自行再生，自然修補破損的位置。因為是皮膚，所以受損之後也能自行痊癒。鼓膜內側連接著細小的骨頭（聽小骨）。

**➜ 鼓膜由皮膚延伸而出，背面連接著骨頭。**

請想像大鼓的構造。大鼓藉由鼓皮（是固體）的振動使空氣振動，進而產生聲音。反過來說，如果有聲音時也能讓鼓皮振動。耳朵的鼓膜就相當於鼓皮。外耳將空氣的振動有效傳入耳孔中，空氣振動使得鼓膜振動。鼓膜背面連接著細小的骨頭，骨頭另一端與充滿液體的錐狀結構連接。這個具有液體的結構稱為耳蝸，內部具有聲音的感覺細胞。鼓膜的振動使骨頭振動，骨頭振動使耳蝸振動、帶動耳蝸內部的液體振動。聲音感覺細胞可以感受到液體的振動。因此耳朵可以將空氣的振動有效轉換為液體振動，感知聲音。

**➜ 耳朵將空氣的振動轉換為液體的振動，感知聲音。**

耳蝸是如何分辨聲音的高低呢？耳蝸的結構為錐形，錐體底部有一層薄膜，負責傳導聲音。聲音震動的不同頻率會讓錐體中的不同位置產

生共振。共振部位的感覺細胞興奮程度會最高。也就是說，耳蝸藉由不同部位的細胞產生興奮來區分聲音的高低。耳蝸的錐形結構並不是筆直的圓錐，而呈現螺旋型，有如蝸牛的殼，所以才被稱為耳蝸。

➡ **耳蝸負責感受聲音。**

## ● 平衡感覺

　　內耳除了感受聲音之外，還能感受身體的方向與移動，稱為平衡感覺。內耳中包括耳蝸、前庭與半規管。前庭可感受頭部的傾斜，也就是重力（或者說是直線加速度）。半規管則可感受頭部的旋轉（或者說是角加速度）。半規管由三個大致成直角的半圓形管構成，可感受三個象限中所有方向的旋轉。因為半規管有三個，所以又稱為三半規管。內耳的疾病會造成頭暈目眩、噁心。頭暈可以分為兩種，感覺天旋地轉，外界環境轉動稱為暈眩，另一種則是自己搖搖晃晃站不住，稱為步態不穩與姿態不穩。

➡ **內耳可感受身體的方向與移動。**

## ● 嗅覺

　　嗅覺的受體位於鼻子，準確的說法是位於鼻腔（鼻子裡的空腔）最上端的鼻黏膜中。鼻黏膜表面覆蓋著一層黏液。魚類可以聞到水的氣味。陸地上的動物則是空氣中的氣味溶入鼻黏膜的黏液之後，嗅到黏液的氣味。比起平緩的呼吸，用力嗅聞的時候，吸入的空氣比較容易達到鼻腔上端。

　　狗是動物中嗅覺靈敏的代表，人類也可以區分數千種以上的氣味。但是嗅覺很容易適應，持續一會兒之後很快就聞不到了。味覺中樞和進食、性行為、憤怒、快感等中樞位於同一個部位，顯示嗅覺是一種原始的感覺，對動物來說非常重要。

➡ **嗅覺受體位於鼻腔最上端的鼻黏膜中。**

physiology **17**

思考始於語言

# 大腦的功能

## ●大腦皮質的功能

　　腦部可分為幾個不同的部位（圖1）。人類之所以能有各種人類獨有的行為，其中一部分的原因就來自於大腦皮質。以下將以大腦皮質為中心來介紹大腦的功能。

　　中樞神經由腦部與脊髓構成，兩者的基本構造相同。請想

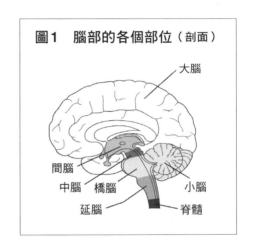

圖1　腦部的各個部位（剖面）

大腦

間腦

中腦　橋腦　　　　小腦

延腦　　　　　脊髓

像腦部與脊髓是一根一體成形而相連的棍棒，哺乳動物在棒子頂端的神經細胞（神經元，p.99）數目較多，因此頂端形成一個鼓脹的形狀。人類的神經細胞數目更多，因此頂端的結構更大。頂端的鼓脹結構就是大腦，其中有無數的神經細胞。不過，大腦中的神經細胞並不是均勻分布，神經細胞體只集中在某些特定的部位，有些部位則是只有神經纖維（軸突與樹突）通過。大多數的神經細胞體分布在大腦的表面，也就是大腦皮質。大腦內部也散布著一些神經細胞體較密集的部位，稱為核。

　　➡ **中樞神經頂端神經元聚集的結構稱為大腦。**

　　來自全身的感覺刺激，最後會使大腦皮質中的神經細胞體（感覺神經元）興奮，產生感覺。活動身體時，則是大腦皮質中的神經細胞體（運動神經元）先產生興奮。所以大腦皮質是感覺與運動的最高中樞。

　　➡ **大腦皮質是感覺與運動的最高中樞。**

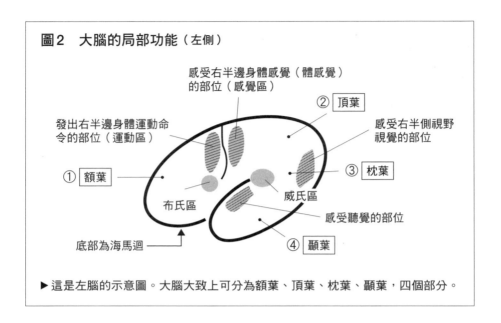

**圖2　大腦的局部功能（左側）**

感受右半邊身體感覺（體感覺）的部位（感覺區）

② 頂葉

發出右半邊身體運動命令的部位（運動區）

感受右半側視野視覺的部位

① 額葉

③ 枕葉

布氏區

威氏區

底部為海馬迴

感受聽覺的部位

④ 顳葉

▶ 這是左腦的示意圖。大腦大致上可分為額葉、頂葉、枕葉、顳葉，四個部分。

## ●大腦皮質中的思考過程

　　大腦皮質中，是由特定的部位負責運動與感覺。如圖2所示，大腦皮質分為四大部分，粗略來看其功能則是：①運動中樞，額葉、②體感覺（觸覺與痛覺）中樞，頂葉、③視覺中樞，枕葉、④聽覺中樞，顳葉。然而大腦皮質的功能不僅只是接受資訊與發出指令，還包括思考這項極為精細的工作。思考可說是反覆整合資訊並加以分析的複雜過程。以人類目前的科技水準，對於大腦的思考程序幾乎仍一無所知。我個人認為也許再過一百年也無法解開。

　　**➡ 大腦皮質負責思考。**

　　思考的基礎與語言。必須要有語言，我們才能進行精密的思考。有了思考之後，才能產生智慧。在所有生物之中，只有人類具有如此優異的思考能力。聽懂語言和閱讀文字的能力，和解讀其中涵意的能力之間具有很大的差距，解讀需要更加高深的訊息處理能力。

　　**➡ 語言是所有知能的基礎。**

腦部負責理解語言的部位稱為威氏區（Wernicke's area）（圖2）。產生語言的部位稱為布氏區（Broca's area）。其程序大致是「獲得語言資訊→發出訊號」。來自聽覺、視覺、體感覺的語言資訊，整合後傳入威氏區，在威氏區理解語言並加以認知處理。這些資訊接著被送到布氏區，產生語言，再經由額葉的運動神經元活動嘴巴或手，發出語言。

➜ **語言資訊的傳遞順序為「感覺區→威氏區→布氏區→運動區」。**

這一連串流程只要有任何地方發生異常，就無法獲得或發出語言資訊。比如說，當枕葉異常時，就沒有辦法辨認視覺，即使眼睛沒有問題，還是看不見。威氏區負責感知與判讀等認知處理，如果發生異常，就無法正常認知，看見文字或聽到語言時，雖然能知道自己接受到各種不同的資訊，但無法理解內容，也不能進行思考，類似於失智症的狀態。布氏區有病變時，雖然有想說的內容，但是卻無法順利用語言加以表現。額葉運動區有病變時，就沒辦法讓手或嘴巴產生動作。

➜ **威氏區是思考的中樞。**

## ●右腦與左腦

大腦的外觀看起來左右對稱，不過實際上左右邊的功能並不相同。威氏區是負責進行思考的中樞，布氏區是產生語言的中樞，有九成以上的人，主要是用皮質這兩個部位的左側來工作，換句話說是以左腦為主。只有一小部分的人左右腦幾乎平均使用，以右腦為主的人則極端罕見。主要的一邊，也就是左側威氏區受損時，就會喪失大部分的語言認知功能，無法進行概念性的思考。但是並不會到完全喪失的程度，因為右側能彌補部分的功能。右側的功能主要是認知音樂、非語言的視覺資訊、空間認知、肢體語言、聲音的抑揚頓挫等。有些人將左腦稱為主要半腦，右腦稱為次要半腦，這是站在語言和思考能的觀點加以區分，實際上有些與藝術相關的能力是由右腦扮演主要的角色。

➜ **思考以左腦為主。**

早在新生兒的時期，大多數的人就是以左腦為主進行語言和思考的處理。不過還不清楚為什麼會偏向以左腦為主。發生腦中風時，如果病灶位於左腦，症狀和後遺症都會比病灶位於右腦來得嚴重。除了語言和思考能力的障礙會比較嚴重之外，如果同時併有右側運動功能麻痺，會使得右撇子的人連寫字都有困難。

**➜ 發生腦中風時，如果病灶位於左腦，會比病灶位於右腦來得嚴重。**

## ● 記憶的機制

接著讓我們來談談記憶的機制。目前最被接受的記憶機轉理論是「對某件事情產生記憶時，多個神經元會形成一個環狀的神經迴路，神經元興奮時，刺激會在這個迴路中不斷持續迴繞，因此可持續記憶」。可惜的是，目前對於這套理論還沒有實際的證明。

**➜ 我們還無法了解腦部的記憶機制。**

比較低等的生物也有記憶的機能。以住在海洋中的軟體動物海兔來說，如果輕戳海兔一下，海兔會受到驚嚇而將鰓縮起來。這種反射來自於非常簡單的神經迴路。一開始戳海兔時，海兔每次都會把鰓縮起來，但是持續反覆輕戳海兔之後，牠漸漸地就不會將鰓縮回。這是因為海兔已經記住被輕戳不會有危險，不用驚嚇。這樣的記憶可以維持幾個小時。在海兔產生記憶時檢查其反射迴路，可以發現在記憶持續的時間之中，反射迴路中的突觸的確產生了變化。顯示記憶可能與突觸的變化有關。研究人員也在哺乳動物的腦中發現類似的突觸變化。

**➜ 記憶可能與突觸的變化有關。**

記憶依照持續的時間，可分為兩大類：

· **短期記憶：維持數秒～數分鐘。記憶的時間只持續在思考的期間。**

· **長期記憶：維持數分鐘～終生。半永久的記憶。**

腦部會用不同的方式記住這兩種記憶。短期記憶必須經過鞏固（consolidation）的階段才能轉換為長期記憶。理論認為，短期記憶反

覆多次出現在腦海中之後，與這些記憶相關的突觸就會發生永久性的變化。形成長期記憶之後，還需要其他機制找出這些儲存下來的資訊，無法順利找出資訊時，就會發生「雖然記得但卻想不起來」的情況。

➡ **短期記憶與長期記憶的記憶方式不同。**

記憶是在大腦的哪個部位進行的呢？很遺憾現在還無法解答這個問題。不過我們已經知道海馬迴（p.114 圖2）這個部位對於語言的長期記憶來說非常重要。海馬迴病變時，就無法產生新的長期記憶，但是對於運動或簡單的手部動作等肢體上的活動學習卻不會有影響。如此看來，「腦部的記憶」與「身體的記憶」也許是不同的。但是記憶的資訊儲存在腦部的哪個部位目前則還不清楚。

➡ **海馬迴在語言的長期記憶中扮演重要角色。**

## ● 腦死與植物人

大腦皮質的所有神經細胞都受損時會怎麼樣呢？大腦皮質的功能是「思考」，大腦皮質無法進行「思考」，因此完全不能和外界進行交流，這種狀態稱為植物人。植物人並不等於腦死，這兩種情況經常被混淆。

那麼腦死又是什麼情形呢？呼吸與血液循環是維持生命不可或缺的功能，由腦部的延腦負責統整控制。當延腦受損，無法調節呼吸和血壓，人就會死亡。延腦中的神經元完全死亡的狀態就稱為腦死（正式的腦死診斷，還包括其他幾項條件）。腦死時必須使用人工呼吸器才能延續生命，但有很多植物人還能夠自行呼吸。延腦位於大腦和脊髓之間（p.113 圖1）。較低等的動物由延腦上方將中樞神經切斷時，還能夠暫時存活一小段時間。

➡ **延腦負責維持生命不可或缺的功能。**

## ● 鎮靜劑

腦部的作用來自腦部神經元的功能。換句話說，只要抑制神經元的

# 雖然想記住……

妳換電話號碼了吧。可以告訴我嗎？

可以呀。090-XXXX-△△△△

是我暗戀的坂本同學。她的電話號碼我要記起來！

090-XXXX-△△△△
090-XXXX-△△△△
090-XXXX-△△△△

**1**

**2**

090-XXXX-△△△△

好！我記住了！

他在幹嘛……？

當天晚上

……想不起來

**3**

**4**

要記住手機號碼，除了要讓短期記憶鞏固成為長期記憶之外，還必須要能想起這項記憶。背誦手機號碼可不容易呀。

功能，就可以抑制「思考」的能力。所謂的鎮靜劑（圖3）就是抑制神經元功能的藥物。服用鎮靜劑之後，會變得有些恍惚，所以就不會再「想太多」。服用安眠藥之後是不是也會恍惚呢？沒錯，鎮靜劑與安眠藥是同類的藥物。順帶一提，某些暈車藥和鎮靜劑與安眠藥也屬於同類藥物，藉由降低知覺活躍程度來預防暈車。

➡ 鎮靜劑與安眠藥會抑制神經元的功能。

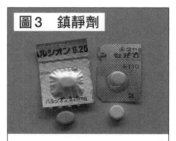

**圖3　鎮靜劑**

▶ 安眠藥（酣樂欣Halcion® 0.25毫克錠劑，左）與鎮靜劑（Cercine® 2毫克錠劑，右）。兩者主要的差異在於作用時間的長短不同。

physiology **18**

帕夫洛夫的狗與制約反射

# 反射

## ●什麼是反射？

感覺有東西迎面而來時，我們會「不由自主」地閉上眼睛並將身體閃開。在腦袋裡想到「好，我要閉上眼睛」與「有危險要閃開」之前，就會先做出動作。像這樣接收到刺激之後就會立即自動做出特定反應的行為稱為反射。刺激經由傳入路徑（afferent pathway）（感覺神經）進入中樞神經（腦與脊髓）。中樞神經處理資訊之後，再藉由傳出路徑（efferent pathway）將指令傳給周邊組織。傳出路徑可能是運動神經，也可能是自律神經（p.102）。

➡ **傳入路徑→中樞神經→傳出路徑的反應稱為反射。**

## ●膝反射

敲擊膝蓋時，刺激會經由感覺神經傳至脊髓，經由脊髓內的突觸將指令傳給運動神經，將膝蓋伸直，這種動作稱為膝反射。這項反射來自脊髓，大腦並未介入，是無意識的動作。敲擊產生的反射不僅限於膝蓋，還有所有部位都會產生。全身所有部位都會產生骨骼肌快速伸直的動作，只是有程度上的差別，但是一定都會有反射性的收縮。只是因為敲擊膝蓋肌腱的動作很容易，膝蓋快速伸直的反應也很容易觀察，所以膝反射才會比較多人知道。

➡ **膝反射是具有代表性的脊髓反射。**

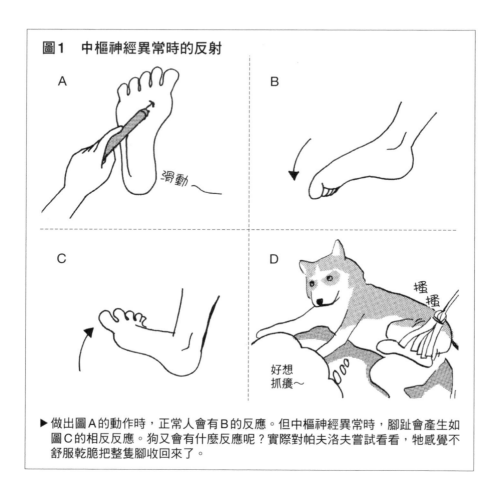

圖1 中樞神經異常時的反射

A

滑動～

B

C

D

搖
搖

好想
抓癢～

▶ 做出圖A的動作時，正常人會有B的反應。但中樞神經異常時，腳趾會產生如圖C的相反反應。狗又會有什麼反應呢？實際對帕夫洛夫嘗試看看，牠感覺不舒服乾脆把整隻腳收回來了。

## ●生病時的反射

反射來自中樞神經，因此腦部或脊髓發生異常時，可能會出現正常人不會有的反射。例如圖1A中，用棒子在腳底由腳跟往腳拇趾的方向滑動，正常人會出現如圖1B的反應，腳拇趾往腳底的方向彎。各位可以自己嘗試看看。但是發生腦中風（p.123）等中樞神經疾病時，會出現圖1C的反應，腳拇趾朝腳背彎，同時五支腳趾會張開。這種反應稱為足底反射，是中樞神經異常時最廣為人知的反射。

➡ 反射可用於診斷疾病。

彎曲或伸直膝蓋的指令，一般而言是由腦部發出的。所以腦部病變時，膝反射的強度也會受到影響。脊髓病變、周邊神經與肌肉的病變也會改變反射的強度。醫師診察時敲擊患者的膝蓋，同時也會檢查腦部、脊髓、周邊神經、肌肉的狀況。腦部病變時，通常會讓膝反射變強（膝蓋伸直的力道變強、速度變快），周邊神經或肌肉病變時則會減弱（膝蓋不太會伸直）。而脊髓損傷的隨損傷部位不同而有不同的變化。

➡ **腦部病變時，通常會讓膝反射變強。**

## ●各種反射

有時，傳出路徑會是自律神經。例如食物進入胃中（刺激），引起反射，藉由自律神經讓腸胃的蠕動活躍並大量分泌消化液（也和激素有關）。由於大腸蠕動活躍，因此吃完東西會想上大號，這種現象稱為胃結腸反射。嬰兒會一面喝奶一面上大號，是因為嬰兒的胃結腸反射比較強。吃飯吃到一半去上廁所的人，也許是還遺留著嬰兒時期的習慣。

圖2　制約反射

▶ 這是對烤番薯叫賣聲產生制約反射的例子。

**➡ 進食引發的便意也是一種反射。**

食物進入胃中的確會讓腸胃蠕動變得活躍，但是刻意不進食時，腸胃也一樣會變得活躍。舉例來說，看見美食就會讓胃液大量分泌。會有這種現象是因為我們之前已經學會眼前的物體是食物，而且是好吃的食物。學習的過程必須要有大腦皮質的參與。換句話說，藉由學習，可以讓我們對特定的條件產生反射，這種現象稱為制約反射（圖2）。比如說，每次餵狗之前都先敲一下鈴鐺，最後狗只要一聽到鈴聲就會分泌胃液。發現這種現象的學者名叫帕夫洛夫[*]，是制約反射的代表現象之一。

*Ivan Petrovich Pavlov [1849～1936]，俄國生理學家。於1904年獲頒諾貝爾生理醫學獎。

**➡ 制約反射與大腦有關。**

膝反射與胃結腸反射並不需要特定的條件，因此又稱為簡單反射。還有一項很重要的簡單反射各位應該都知道，也就是瞳孔的光反射現象（圖3）。當光線照入眼睛時，瞳孔會縮小。各位可以對著鏡子自己試試看，即使光只照到一邊的眼睛，兩隻眼睛的瞳孔都會縮小。這是由中樞神經引起的反射，來自距離眼睛很近的延腦（p.117）。維持生命的重要功能都集中在延腦，因此瞳孔光反射異常時，就表示腦部受到危及生命的重大損傷。

**➡ 光反射異常時，表示處於命危的狀態。**

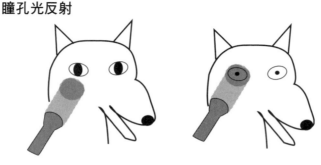

**圖3　瞳孔光反射**

▶ 將光線照向其中一隻眼睛，兩邊眼睛的瞳孔都會縮小。兩邊眼睛的瞳孔在正常的情況下始終會維持相同的大小。

physiology **19**
<u>腦血管的缺損</u>

# 腦中風與頭痛

## ●腦中風的種類

　　腦中風是日常生活中經常聽到的一種疾病。實際上，腦中風是腦血管疾病的總稱，可分為二大類，即缺血性中風和出血性中風。腦中風常見的後遺症是癱瘓，也就是俗稱的麻痺、不遂等。

　　➡ 腦中風可分為缺血性中風與出血性中風。

## ●腦部的血管

　　腦部表面的動脈位於蜘蛛膜下方（正確來說是蜘蛛膜下腔這個部位）。動脈從腦部的表面開始不斷分枝變細，伸入腦的內部。

　　腦動脈在腦表面，也就是蜘蛛膜下腔破裂造成腦表面出血的疾病

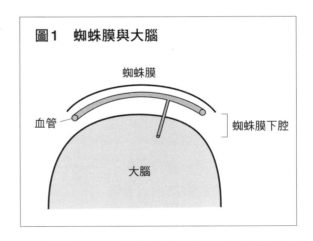

圖1　蜘蛛膜與大腦

蜘蛛膜

血管

蜘蛛膜下腔

大腦

就稱為「蜘蛛膜下腔出血」，在腦內部破裂出血時則稱為「腦內出血」。一般來說，發生蜘蛛膜下腔出血的比例比腦內出血來得高。

　　➡ 腦動脈破裂造成的出血性中風可分為腦內出血與蜘蛛膜下腔出血。

　　腦動脈阻塞造成的疾病則稱為缺血性腦中風。腦動脈就像樹枝一樣，會不斷地分枝並漸漸變細（p.70）。這些分枝彼此之間並沒有相連

接，因此只要動脈有任何一個地方阻塞，血液就無法流入之後的部位。換句話說，動脈阻塞後，其下游的細胞會死亡。除了神經元（神經細胞體、樹突與軸突）之外，其他細胞也都會死亡。如果是腦表面的血管發生阻塞，就會造成大範圍的缺血性中風。當然，引發的後遺症和症狀也會比較嚴重。

➡ **腦動脈阻塞的疾病稱為缺血性腦中風。**

腦內部的動脈具有各種不同的粗細大小，大部分很細。細小動脈掌管的範圍當然也比較小。細動脈阻塞的缺血性中風由於範圍很小，很多時候並不會有顯著的症狀。但如果只是一條小動脈阻塞也就算了，當動脈持續阻塞，有兩、三條，甚至十條、二十條阻塞時，腦部多處小中風，可能就會產生癡呆、失智的症狀。老人失智的案例中，就有一定比例的患者病因來自中風。

➡ **小範圍的缺血性腦中風不會有症狀。**

腦動脈的構造和冠狀動脈一樣，分枝之後彼此不會相連。由於腦動脈的這種特殊構造，因此非常容易缺血。請記住這個重點（p.70）。

➡ **腦部是容易發生缺血的器官。**

## ●頭痛

接著讓我們聊聊頭痛。有許多人為了頭痛所苦。大腦皮質負責感受疼痛，但腦本身並沒有感覺，不會痛。以發生率來看，頭痛的原因以①肌肉和②血管引發的占大多數。①是頭部與頸部肌肉緊繃造成的頭痛，這種情況的頭痛經常會感覺頭部沉重。②則是腦血管擴張造成的頭痛，又稱為偏頭痛。好發於中年女性。通常是頭部單側發生劇烈抽痛，同時感覺噁心想吐。有些患者在發病之前會看見閃光。

無論是上述哪種原因，都不至於危及生命，很多時候即使就醫也不見得會獲得積極的治療。最近市面上已經出現可有效緩解頭痛的藥物。

➡ **頭痛的原因大部分來自頭頸部肌肉僵硬，或是腦血管擴張。**

圖2　各種頭痛

▶惣一郎是緊張性頭痛、媽媽是偏頭痛、友紀則是為了戀愛的
煩惱而頭痛，無論原因為何，這些頭痛都不會導致死亡。

　　其他原因造成的頭痛就可能危及生命。包括腦腫瘤、蜘蛛膜下腔出
血、腦膜炎等。這些重大疾病造成的頭痛，特徵是患者會發生「至今從
未感受過的劇烈頭痛」。

➡ **發生至今從未感受過的劇烈頭痛時，務必就醫。**

physiology **20**

醫療用的麻醉劑作用與腦內啡相同

# 非法麻醉劑

## ● 麻醉劑的性質

　　麻醉劑是臨床治療中經常使用的藥物，用途包括止咳、止痛、手術麻醉等等，具有不可或缺的地位。其作用與腦內啡（p.107）對腦部的作用相同。然而，麻醉劑具有成癮性，因此很容易被濫用，是其缺點。成癮讓人的身體與心靈都無法離開藥物，對於個人或社會造成極大的危害，所以法律嚴格限制這類藥物的使用。但即使如此，還是有非法使用的情況，帶來嚴重的社會問題。以下為各位簡介一些容易被違法生產販賣並濫用的麻醉劑。

　　➡ 麻醉劑會造成精神與身體的成癮性。

## ● 鴉片

　　在罌粟這種植物的蒴果（由罌粟花脫落後的子房成長而成）上割出淺溝，會流出乳汁。乳汁中含有嗎啡等二十多種成分，將其風乾凝固後的物質就稱為鴉片。鴉片的使用方式是如吸菸般吸入。將鴉片中具有止痛效果的成分分離純化後就可得到嗎啡。嗎啡是被正式用於醫療中的一種止痛劑。花店裡販售的虞美人也屬於罌粟科，但其中不含鴉片。

　　➡ 鴉片由罌粟採集而得，其中含有嗎啡。

罌粟花
（照片提供：東京都藥用植物園）

## ●海洛英

　　國外的特務電影中經常會出現海洛英。海洛英是用上一段提過的嗎啡為原料，進行化學反應後獲得的半合成麻醉劑。止痛效果是嗎啡的好幾倍，不過副作用也比嗎啡強許多倍。因此臨床上不會使用海洛英，所有的海洛英都來自非法生產。由於海洛英的作用極強，使用時只要很少量就有效果。美國曾經流行過使用海洛英混合古柯鹼的毒品，俗稱為「快速球（speedball）」。

　　➡ **海洛英由嗎啡經化學反應製成。**

## ●古柯鹼

　　古柯鹼來自中南美洲的古柯樹葉，結構類似局部麻醉劑（進行小手術時，注射至皮膚中止痛的藥物）。俗稱為「雪花（snow）」，使用方式是吸入鼻腔經由鼻黏膜吸收。將古柯鹼與小蘇打混合後以吸菸方式使用的毒品則俗稱「快克（crack）」。古柯鹼也具有醫療上的用途。

結出果實的古柯樹

　　➡ **古柯鹼屬於局部麻醉劑的一種。**

## ●興奮劑

　　興奮劑包括安非他命與甲基安非他命等成分，與腎上腺素（p.94）屬於同類物質。臺灣俗稱為「冰塊」等。二次大戰之後，甲基安非他命在日本曾以Philopon為商品名在市面上銷售，現在則已經沒有合法生產販賣的管道。目前臺灣流通的甲基安非他命均來自走私或非法生產。興奮劑作用於中樞神經，使中樞神經興奮後，具有抑制食慾的作用。即使已經停止使用興奮劑，仍可能突然出現幻覺，反覆陷入錯亂。這種現象稱為倒敘反應（flashback effect），會持續終生，是造成興奮劑濫用者

# 疑似非法持有麻醉劑

千萬不可以輕易接觸麻醉劑。有一些案例是本人在不知情的情況下協助運送毒品，務必要小心。不過帶糖粉倒是沒有關係的。

難以回歸社會的一大原因。

　➡ 興奮劑與腎上腺素屬於同類物質。

## ●LSD

　　LSD的正式名稱為LSD-25，最早是為了進行精神病的研究而由植物合成出來。LSD會引起色彩斑斕的強烈幻覺，同時也一樣有倒敘反應，在醫療上並沒有任何用途。

　➡ LSD會引起色彩斑斕的幻覺。

## ●大麻

　　大麻的葉與花穗乾燥後稱為 marijuana，凝固後的大麻脂稱為 hashish，都是以吸菸的方式使用。臺灣曾有野生的大麻，但是目前栽種、持有與販賣均屬於違法的行為，千萬不要因為一時好奇而進行栽種。臺灣目前栽種用於紡織的麻類植物，其中不含致幻覺的成分，吸食這些植物的葉片並沒有任何效果。

　　➡ 乾燥的大麻稱為 marijuana。

## ●精神作用藥物與有機溶劑

　　精神作用藥物與稀釋劑、甲苯等有機溶劑也有產生幻覺的作用，因此使用和存放都受到法律的規範。許多麻醉劑與興奮劑成癮者，都是先濫用有機溶劑之後進而使用禁藥。換句話說，有機溶劑容易取得與使用，可以說是濫用麻醉劑的敲門磚。如果以為有機溶劑沒什麼大不了的而任意嘗試，接著就會踏入地獄。麻醉劑口服也有效果，但是藥物濫用者經常喜歡以注射（注射至靜脈內）的方式使用，因為只需要少量就能獲得很強的效果，可以節省花費。

　　➡ 麻醉劑成癮者，經常先有濫用有機溶劑的經驗。

physiology **21**

鮪魚肉是紅的，鯛魚肉是白的

# 肌肉

## ●肌肉的種類

　　肌肉可分為骨骼肌、心肌、平滑肌（表1）。目前我們還沒有完全掌握肌肉收縮的機轉，上述三種肌肉之間只有些微的差異。不過，各位可以先記得鈣離子在肌肉收縮中扮演重要的角

**表1 肌肉的種類**

|  | 骨骼肌 | 心肌 | 平滑肌 |
|---|---|---|---|
| 橫紋 | 有 | 有 | 無 |
| 意識控制 | 隨意肌 | 不隨意肌 | |
| | 運動神經 | 自律神經 | |
| 動作 | 極快 | 快 | 慢 |

色，至於為何重要，由於內容比較艱深，現在就暫時不提。

　　➡肌肉可分為骨骼肌、心肌、平滑肌。

## ●手臂的彎曲與伸直

　　骨骼肌的作用是活動骨骼，因此肌肉的末端藉由肌腱與骨骼相連。臉部的表情肌與肛門括約肌則為例外，並未附著於骨骼上。舌頭也是由骨骼肌構成。

　　讓我們用手當例子來說明。手上有負責彎曲手臂的肌肉與負責伸直手臂的肌肉，兩者的作用相反。彎曲手臂時，負責彎曲手臂的肌肉當然需要收縮，除此之外，負責伸直手臂的肌肉也必須放鬆。身體就是這樣不斷地調整肌肉收縮的程度。即使是彎曲手臂這樣乍看之下非常簡單的動作，也是由一些肌肉適度的收縮，以及另一些肌肉適度的放鬆所達成，是很精密的程序。

　　➡手上有負責彎曲手臂的肌肉與負責伸直手臂的肌肉。

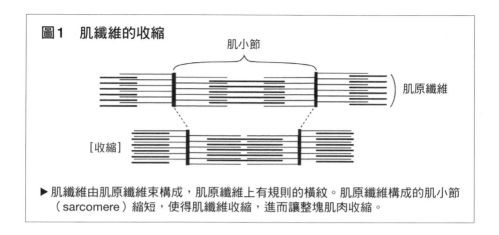

**圖1　肌纖維的收縮**

肌小節

肌原纖維

[收縮]

▶肌纖維由肌原纖維束構成，肌原纖維上有規則的橫紋。肌原纖維構成的肌小節（sarcomere）縮短，使得肌纖維收縮，進而讓整塊肌肉收縮。

　　骨骼肌由肌纖維束構成。肌肉的收縮來自肌原纖維相互交錯滑動（圖1）。

## ●紅色與白色的肌纖維

　　骨骼肌的纖維有紅色的肌纖維與白色的肌纖維（圖2）。比較一下

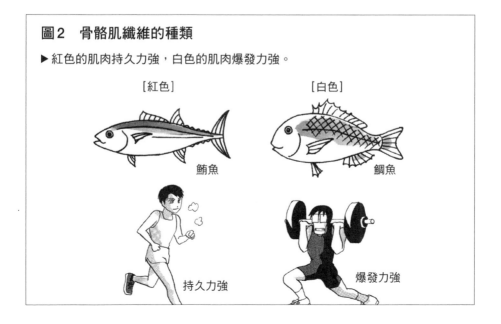

**圖2　骨骼肌纖維的種類**

▶紅色的肌肉持久力強，白色的肌肉爆發力強。

[紅色]　　　　　　　[白色]

鮪魚　　　　　　　　鯛魚

持久力強　　　　　　爆發力強

鮪魚肉和鯛魚肉，鮪魚肉是紅色的，而鯛魚肉是白色的，對嗎？鮪魚生活在遠洋的深海中，必須持續不斷的游動。鯛魚則是必須游在湍急的水流中。紅色的肌纖維持久力強，但爆發力弱。白色的肌纖維則是持久力弱但爆發力強。

　　人體的骨骼肌是紅色與白色的肌纖維混合構成。負責支撐身體、維持身體姿勢，必須持續不斷一直工作的肌肉中，紅肌纖維的比例會較高。

　　➡ 骨骼肌纖維有紅色的肌纖維與白色的肌纖維。

physiology **22**
人體最重的器官是皮膚

# 皮膚

## ●皮膚的構造

皮膚包覆著整個人體，全身皮膚的總重量大約有四公斤。以重量來說，皮膚甚至比肝臟和腦部還重，如果將皮膚也視為單一的一個器官，那麼可以說是人體中最重的器官。皮膚從表層由上到下分為表皮、真皮、皮下組織三個部分（圖1A）。皮膚的表皮為上皮組織。關於上皮組織會在第173頁進行說明，請記得表皮並不等於上皮，兩個名詞分別代表不同的意思，不要混淆了。

➡ **皮膚可分為表皮、真皮、皮下組織。表皮為上皮組織。**

## ●表皮的構造

表皮由數量龐大的細胞層層堆疊而成，這些細胞是由表皮最深處和真皮交界處的細胞分裂而來，分裂出來的細胞會逐漸被往上推，形狀隨著上推的過程慢慢變得扁平，最後死亡。這些死掉的細胞會重疊覆蓋在皮膚的最表面，脫落時稱為皮屑。皮膚還有毛髮、指甲、皮脂腺、汗腺等附屬構造，也都是由表皮變化而成，所以這些附屬構造也都屬於上皮組織。

➡ **毛髮、指甲、皮脂腺、汗腺也屬於表皮的一種，為上皮組織。**

表皮之中具有黑色素細胞（melanocyte），可以產生黑色素（melanin）之後送至周邊的細胞內。白人的黑色素量最少、黑人最多，黃種人則居中。少量黑色素聚集在一起會呈現棕色，聚集的數量愈多，看起來會愈偏向黑色。不過如果累積在皮膚深處，就不會是黑色，

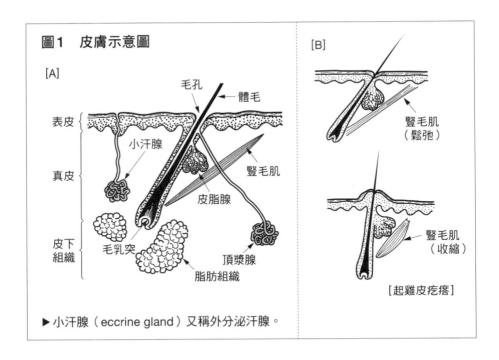

圖1　皮膚示意圖

[A]

毛孔
體毛
表皮
小汗腺
真皮
豎毛肌
皮脂腺
皮下組織
毛乳突
頂漿腺
脂肪組織

[B]

豎毛肌（鬆弛）

豎毛肌（收縮）

[起雞皮疙瘩]

▶ 小汗腺（eccrine gland）又稱外分泌汗腺。

而比較像是青色。嬰幼兒臀部常見的蒙古斑，就是黑色素累積在真皮中形成的。白老鼠或是白色猴子體內缺乏黑色素，稱為白子。不過並非所有白色的動物都是白子，也有些動物是具有白色的色素。可以由眼睛的顏色來區分兩者，白子的眼睛會透出血管的顏色，因此會有一雙紅眼睛。如果是具有白色色素的動物，眼睛就不會是紅色的。黑色素細胞聚集在一起就會形成痣。

**➡ 皮膚的顏色取決於黑色素的多寡。**

## ●真皮的構造

　　真皮由彈性極佳的網狀細纖維構成，其中分布著血管與神經。皮膚之所以具有韌性和彈性，就是來自這些纖維。真皮的纖維沿著同一個方向排列，因此外科醫師以手術刀切開皮膚時，會順著纖維的方向下刀。真皮深層的部分纖維較多，淺層的部分則是水分較多。真皮的水分含量

# 歲月催人老

皮膚的滋潤度與真皮中的水分含量成正比。年輕時的水分含量較多，隨著年齡增長會逐漸減少。

愈充分，皮膚就愈水潤，水分不足時，皮膚就會乾裂。那麼我們能不能從外側對皮膚補充水分呢？是沒辦法的，因為外來的水分無法到達真皮。皮下組織則主要為脂肪組織。打預防針時通常會以皮下注射的方式接種，實際上也可以說是注入脂肪組織內。

➡ **真皮富含纖維，並且有很多血管。**

## ●毛髮與毛囊

　　毛髮的根部為球狀，其中布滿神經和血管，細胞分裂旺盛，不斷長

出新的毛髮，將舊的毛髮往上推。換句話說，毛髮並不是從末端往上生長，而是底部長出新的毛髮向上推出而長長的。毛髮由皮膚表向斜向長出，當豎毛肌收縮時，毛髮會直立，這也就是讓雞皮疙瘩出現的機制（圖1B），動物的皮毛豎立時也是一樣。

　　毛髮是以週期性的方式生長，長到一定程度之後就會進入休止期，接著脫落（圖2）。人類的頭髮大約有80～90%的時間處於生長期，10～20%的時間處於休止期。所以即使將頭髮修剪整齊成一樣的長度，經過一段時間生長後還是會變得長短不一。動物會隨著季節換毛，是因為所有的皮毛都依照相同的週期生長，這類動物的毛髮生長以半年為一個週期。人類的頭髮生長週期則大約是3～6年。因為頭髮至多生長6年就會脫落，因此即使從來不剪頭髮，頭髮還是只能長到一定的長度。

　　➡ 毛囊的細胞分裂旺盛。

## ●皮膚表面

　　皮膚表面呈弱酸性。保持皮膚清潔最基本而確實的方式就是用肥皂清潔。但是肥皂為鹼性，所以使用後務必徹底沖洗乾淨。卸妝乳液和肥

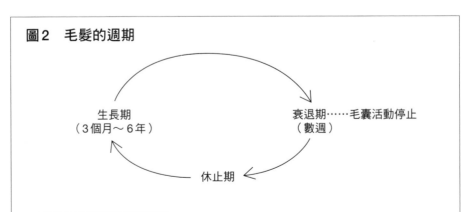

圖2　毛髮的週期

生長期
（3個月～6年）

衰退期……毛囊活動停止
（數週）

休止期

▶毛髮會持續不斷新舊交替。
▶除毛用的雷射是與黑色產生反應，因此雷射除毛對休止期的毛髮（顏色不黑）無效，所以需要反覆進行數次。

皂不同，不能相互取代。化妝品中含有礦物油，卸妝乳液的用途就是除去這些礦物油的成分。舉例來說，修理腳踏車時，如果手上沾到了油漬，用機油擦拭才能擦乾淨，用肥皂反而洗不掉。卸妝乳液的原理也一樣，只能去除化妝品中的礦物油成分，剩餘的髒汙還是必須用肥皂清潔。如果臉上殘留卸妝乳液整晚直到隔天可是會引起發炎的。

➡ **保持皮膚清潔的基本方式是用肥皂清潔。**

## ● 皮膚與紫外線

　　紫外線對人體是好還是壞呢？紫外線的確能夠幫助人體產生維生素D，但是也會讓皮膚變黑、細胞老化損傷，甚至是引起皮膚癌。造成傷害的機轉與活性氧（p.197）有關。紫外線依其波長（p.201）可分為不同的種類，相較於波長較長的紫外光，也就是接近可見光的紫外光，波長短的紫外光對細胞的傷害較大。幸好太陽中的短波長紫外光會被大氣中的臭氧層吸收，所以幾乎不會照射到地球表面。因此，一般認為臭氧層被破壞是皮膚癌患者增加的原因之一。在日本，幾乎不可能因為日光照射不足而造成維生素D缺乏，所以盡量防曬才是比較好的作法。

➡ **過度照射紫外線會提高發生皮膚癌的機率。**

## ● 燒燙傷

　　接著讓我們來談談燒燙傷。隨著燒燙傷的嚴重度不同，治療的過程也不同。如果是僅止於表皮的輕微燒燙傷（只有發紅），那麼即使不特別處理，通常都能完全痊癒。到達真皮的中等燒燙傷，患部會出現水泡，由於毛囊和汗腺尚未受到損傷，細胞分裂之後可以完全痊癒。但如果是深達皮下組織的嚴重燒燙傷，毛囊細胞已經壞死，周邊的細胞必須往橫向分裂以修補表皮的損傷。即使痊癒後，患部也不會再長出汗腺或毛髮，會變得光禿禿的。

➡ **燒燙傷時，只要毛囊未受損，痊癒後可恢復到原本的樣子。**

　　在日本，過去大範圍燒燙傷最常見的原因是洗澡水。常有小孩掉入剛燒好的滾燙洗澡水而造成全身燙傷的案例，這是日本獨有的現象。現在的洗澡水可以調整溫度，因此這類事件已經大幅減少了。但還是常有兒童被泡麵或電熱水瓶熱水燙傷的例子，成人務必要小心保護兒童的安全。

　　自焚或是火災燒傷時，不只皮膚會燒傷，連肺臟內部也會被燒傷，導致非常嚴重的傷害。但是在高樓大廈失火的案例中，多數受害者是死於煙霧引起的一氧化碳中毒，而非燒傷。

　➡ 火災的燒傷不只皮膚，連肺臟內部也會被燒傷。

　　嚴重燒燙傷時，燒燙傷的面積，也就是受損皮膚占全身的比例，是進行治療時的重點。燒燙傷面積的概算方式是將全身分為十一個部位，頭算一個部位，胸部、腹部、上背、下背共計四個部位，左右手各一個部位，左右大腿與左右小腿共計四個部位，加起來十一處。這十一個部位的面積大致相同，$100 \div 11 \fallingdotseq 9$，因此每個部位的面積大約是9%，$9\% \times 11$處＝99%，再加上鼠蹊部的1%，共計100%。用這個方法就可以大致估算出燒燙傷的比例（圖3）。皮膚傷燙傷時，會失去屏障的作

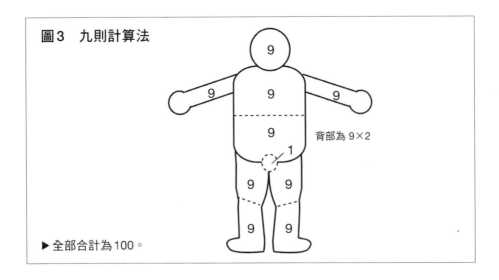

圖3　九則計算法

背部為 9×2

▶ 全部合計為100。

用，因此細胞外液（p.11）會滲漏到體外。燒燙傷面積超過20%時，患部會流失很多水分，必須進行大量輸液（p.74）才能保住性命。

➡ **傷燙傷面積可以概算方式計算。**

發生輕微燒燙傷時，應儘快為患部降溫。優先事項就是儘快持續不斷地冷卻患部。這是最基本的處理。接著保持患部清潔並送醫處理。不要塗抹蘆薈或是其它來路不明的藥品，很可能會導致感染，或是影響後續治療。燒燙傷患部一旦發生感染，會增加治療的困難度。

➡ **初期燒燙傷的基本治療是儘速降溫並保持清潔。**

physiology **23**

暖氣和冷氣全速運轉維持體溫恆定

# 體溫調節

## ●體溫維持一定的恆溫動物

　　脊椎動物[12]可分為體溫會隨環境溫度（周遭溫度）變化的變溫動物，以及體溫不會隨環境溫度變化的恆溫動物。魚類是變溫動物，但是魚類生活的水域溫度基本上不會有太大的變化，所以魚類不需要維持體溫的系統。兩棲類（青蛙等）與爬蟲類（蛇等）則棲息在溫度會改變的環境中，因此體溫會隨著環境溫度的變化升降。

　　那麼，對於生物來說，是恆溫好還是變溫好呢？生物的基本單位是細胞，溫度對細胞的功能有很大的影響。為了維持細胞功能的穩定正常，恆溫是比較有利的。而鳥類、人類與豬等哺乳類就具有維持體溫恆定的能力。

　　➡ **為了維持細胞功能的穩定正常，必須維持體溫恆定。**

　　人類必須要有氧氣和食物才能存活，因為我們必須由食物中取得能量（p.33）。食物中的能量，在人體會形成熱。無論人體如何使用這些能量（例如用於細胞活動、肌肉運動等），最終一定會變成熱。恆溫動物具備維持體溫恆定的機制，其作用簡單來說是一種冷卻系統。食用大量食物，產生大量的熱之後，將過剩的熱能排至體外，降低身體的溫度，藉此維持體溫恆定。就好像是身體裡同時有暖氣和冷氣在運轉一樣。換言之，在同時強力加熱並冷卻之下，最後的結果就是體溫能維持固定不變。這種方法雖然能將體溫維持恆定，但卻有一個很大的缺點，

---

12 脊椎動物：魚類、兩棲類、爬蟲類、鳥類、哺乳類。

也就是利用能量的效率不佳。所以哺乳類必須攝取許多食物才能維持體溫。

➡ **身體藉由同時加熱與冷卻將體溫維持恆定。**

## ●熱的產生與發散

全身的細胞都會產生熱，以人類來說，產熱最多的組織是骨骼肌（p.130）。運動時骨骼肌會產生大量的熱。天冷時會發抖，就是身體藉由發抖讓骨骼肌收縮，進而產生熱的禦寒機制。

➡ **骨骼肌是產熱最多的組織。**

身體產生的熱會散發到體外。狗吐著舌頭喘氣就是排出肺臟產生的熱。人類則是可由皮膚散熱，皮膚的血流會增加並流汗。汗水蒸發可以有效降低體溫，血液則是將身體深處的熱送到皮膚散出。

在所有的動物中，人類的汗腺系統最發達。事實上，動物之中只有人類和少數猿猴類有汗水（小汗腺的

**圖1　老鼠的發熱**

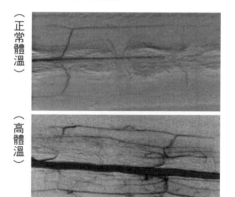

（正常體溫）

（高體溫）

▶圖為老鼠尾部的動脈顯影影像（p.204）。可觀察到體溫升高時，尾部的血管擴張、血流增加的樣子。（照片由NEDO Project提供）

分泌物，p.134），其他動物不會流汗。大象和河馬因為不會出汗，所以炎熱的時候會泡在水裡。老鼠將唾液塗在身上、豬將糞便與尿液塗在身上，都是用來替代汗水蒸發降溫。順帶一提，兔子的耳朵和老鼠的尾巴都是重要的散熱器官。

　　➡體溫取決於熱的產生量和發散量。

## ●熱中暑

　　在熱傷害疾病中，來自環境炎熱且最具代表性的就是熱中暑。在酷夏炎熱的天氣中運動或是施工時經常發生。高溫和肌肉運動導致體溫上升，因此會流汗，但是身體的散熱機制不足以應對體溫升高的程度，使得體溫升高到40℃以上。很高的體溫會造成意識不清，首先會產生熱暈厥。大量出汗造成首先會引發脫水症狀（p.14），接著腦部血流減少，造成暈眩、頭痛、噁心，嚴重時則是一樣會造成意識不清。治療方式包括降低體溫與補充水分和鹽分。

　　➡在炎熱的天氣中過度運動會導致體溫過高。

## ●體溫中樞與體溫變化

　　體溫由腦部的體溫中樞決定。體溫中樞獲得皮膚溫度和環境溫度等資訊後，發出「將體溫降到36.5℃」，或是「將體溫升高到39℃」等等指令，改變體溫。身體接到指令之後，會改變皮膚的血流量或是出汗、發抖等等（圖2、圖3）。

　　➡體溫由腦部決定。

　　每個人的正常體溫有很大的個體差異。37℃對某些人來說是正常體溫，但對某些人來說已經是發燒的狀態了。此外，還有其他很多因素會導致體溫變化。例如年齡，一般來說，老人體溫低、兒童較高，新生兒更高。甲狀腺素也會讓體溫升高。還有其他激素也會讓體溫改變。體溫也會隨著時間改變，早上較低、傍晚較高。女性的體溫還會隨著生殖週

## 圖2　體溫的調整目標

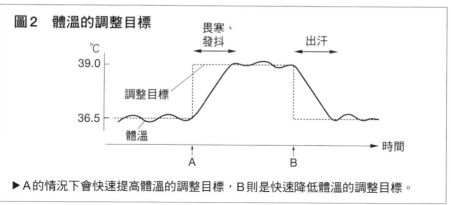

▶A的情況下會快速提高體溫的調整目標，B則是快速降低體溫的調整目標。

## 圖3　決定體溫

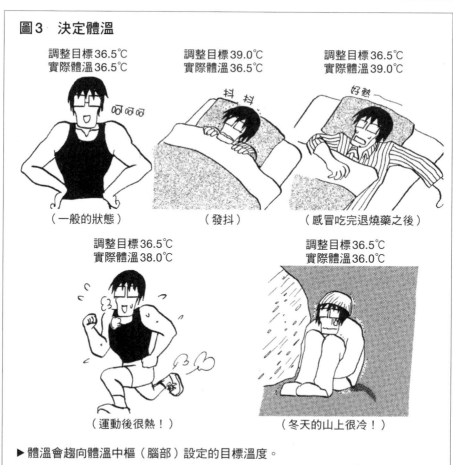

▶體溫會趨向體溫中樞（腦部）設定的目標溫度。

期變化，排卵前較低、排卵後升高（p.150）。女性早上醒來時的口腔溫度稱為基礎體溫，是評估卵巢功能時的重要檢查項目，也可作為避孕的參考。感染或是罹患腫瘤時體溫也會升高。這些體溫升高的現象，都來自激素對腦部體溫中樞產生的作用。感冒時吃的退燒藥，也是作用在腦部的體溫中樞以降低體溫。

➜ **體溫的個體差異很大，而且經常變動。**

　　日本測量體溫時，大多習慣測量腋下的溫度。相較於水銀溫度計，電子溫度計對溫度的反應很快，但是夾緊手臂之後大約需要等十分鐘，腋窩的溫度才會接近真正的體溫，所以測量腋溫才必須要等到十分鐘。歐美大多測量口腔的溫度。需要精密監測體溫，或是新生兒通常會測量肛溫。耳朵的鼓膜有血液流通，因此也會維持恆定的溫度。最近已經有快速測量鼓膜溫度的技術，未來也許測量耳溫會變成量體溫的主流方式。

➜ **由鼓膜也能測量體溫。**

physiology **24**

你的使命就是孕育下一代

# 生殖

## ● 生殖就是目的

生物誕生在這個世界上的目的是什麼呢？就是為了要產生下一代。上天將你送到這個世上，就是為了要產生你的下一代。換句話說，在生物學上，孕育後代這件事就是生物最大也是唯一的目的。

➡ **生物誕生在這個世界上的目的，就是為了要產生下一代。**

## ● 生殖細胞

對單細胞生物而言，只要分裂成兩個就可以順利產生出後代。這種方式會產生兩個和上一代一模一樣的後代，稱為無性生殖。多細胞生物則必須要由兩個個體合作，產生出和上一代稍微有些不同的新個體，稱為有性生殖。人類等多細胞生物體內雖然好像有很多不同種類的細胞，但以另一種分類方式來看，其實只有兩種細胞，也就是生殖細胞與非生殖細胞。

➡ **人類是由生殖細胞與非生殖細胞，兩種細胞所構成。**

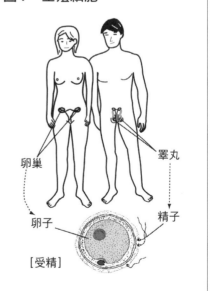

**圖1　生殖細胞**

卵巢

睪丸

卵子

精子

[受精]

▶ 卵子和精子以外的細胞，其存在的目的就是為了要讓卵子和精子順利發揮作用。

在人體中，非生殖細胞的數量占絕大多數，但其實都只是附屬的部分，目的只是要協助生殖細胞順利發揮作用。為了發揮上天給的使命，只有生殖細胞才是真正重要的細胞。對人類而言，生殖細胞就是卵子和精子。

➡ **人類的生殖細胞是卵子和精子。**

## ● 雄性

人類每天產生數以億計的精子，也就是每天都能產生下一代。在生物學上，盡可能散播精子對雄性來說是最好的生存方式。雄性原始的構造是以提高數量為優先目標，只要有機會，無論對象如何，只要是雌性就盡可能將自己的精子送入對方體內。並不會想要篩選卵子以產生較好的後代，而是多多益善，一股腦地努力增加自己的後代數目。簡而言之，對雄性來說，只要對方是雌性就可以了，不管是誰都可以。因此，人類的男性有著到處拈花惹草留下後代的傾向，由生物學觀點來看，雄性就是這樣的生物。

➡ **為了留下後代，雄性會不計對象盡可能散播精子。**

## ● 雌性

但是卵子就不是這樣了。人類一生中可以排卵產生多少卵子呢？由第一次月經來潮一直到停經共計35年的時間，如果每個月排出一顆卵子，那麼一輩子就只有大約四百顆卵子。如果在把受精之後的懷孕之間等等加入計算，那麼這四百顆卵子之中，最多只有大約二十顆有機會實際碰到精子。換言之，女性一輩子的懷孕次數頂多就是二十次，也就是可以生下二十個孩子（現在日本的子女人數平均只有不到二人）。也就是說，雌性可以產生的後代數量非常有限，所以每一個都不能輕忽，需要重質而不是重量。必須在眾多雄性之中謹而慎之地篩選對象，小心挑選精子以孕育出最優秀的下一代。因此在生物學上，對雌性比較有利的

## 不是隨便發就好……

人類每天可以產生數以億計的精子，因此不需要節省，可以以量取勝以便儘量留下後代。但像健次這樣隨便亂發小禮物恐怕是沒有太大的效果。

方式是向雄性展現出有意願接受精子的樣子，吸引許多雄性，但是實際上不能輕易接受所有的精子。由生物學的角度來看，在缺乏考量的情況之下就產生後代並非良策，女性的對象必須精挑細選再三琢磨才行。

　　➡ 雌性為了產生優秀的後代，必須謹而慎之地篩選精子。

　　雄性與雌性這樣的行為差異，在社會上是不是能行得通呢？是值得觀察的有趣現象……

physiology **25**

什麼都沒做也會懷孕四週

# 月經與懷孕

## ●濾泡與黃體

首先為各位簡單介紹女性生殖器官中的卵巢（圖1）。顧名思義，卵巢中有卵子，卵子成熟的過程中，旁邊伴隨著許多細胞，稱為濾泡。排卵時卵子離開濾泡，之後濾泡的型態會改變，形成黃體。本章接下來會依照上述的卵巢變化次序一一進行說明。

➡ 卵子被濾泡包覆，排卵後濾泡會形成黃體。

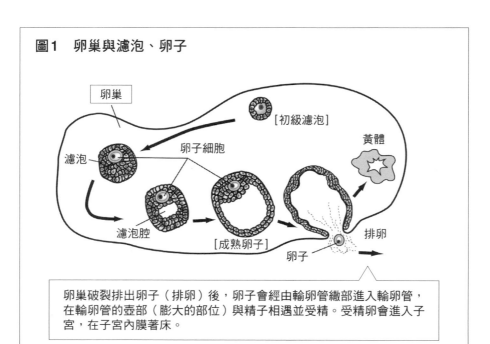

圖1　卵巢與濾泡、卵子

卵巢破裂排出卵子（排卵）後，卵子會經由輸卵管繖部進入輸卵管，在輸卵管的壺部（膨大的部位）與精子相遇並受精。受精卵會進入子宮，在子宮內膜著床。

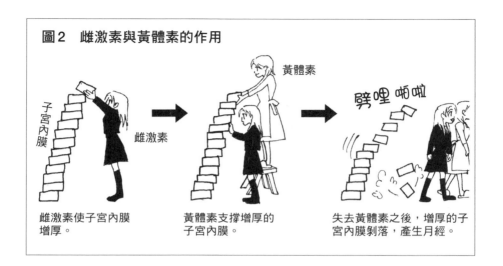

圖2　雌激素與黃體素的作用

子宮內膜
雌激素

黃體素

劈哩啪啦

雌激素使子宮內膜增厚。

黃體素支撐增厚的子宮內膜。

失去黃體素之後，增厚的子宮內膜剝落，產生月經。

## ●雌激素與黃體素

前面說過，女性荷爾蒙分為雌激素與黃體素兩種。雌激素由濾泡分泌，黃體素則是由黃體分泌。雌激素的作用是促進懷孕，黃體素則是維持懷孕。

➡ **雌激素的作用是促進懷孕，黃體素則是維持懷孕。**

雌激素的作用是促成懷孕。懷孕的先決條件是身體必須發育成熟，第二性徵（女性的胸部變大、月經來潮）就是來自雌激素的作用。進入青春期之後，首先腦部會先成熟（p.96），邁入成熟期的腦部會對卵巢發出指令，使卵巢開始分泌雌激素，促進第二性徵發育。進入青春期後，是腦部先成熟，接著造成卵巢成熟。

對第二性徵發育完成的成熟女性來說，雌激素會讓卵巢和子宮做好懷孕的準備。雌激素會促進卵巢內的濾泡發育，使濾泡產生變化而排卵。對子宮則是讓子宮內膜增厚，以便於懷孕。

➡ **雌激素會促進濾泡發育與子宮內膜增厚。**

另一方面，黃體素的作用則是維持懷孕。要「維持」懷孕，那麼先決條件當然是已經「開始」懷孕，而懷孕的開端是排卵。如果還沒有開

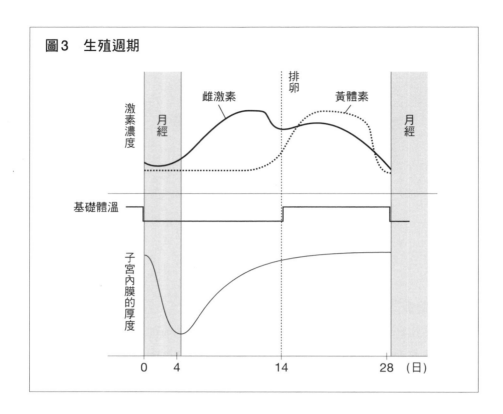

圖3　生殖週期

始懷孕，那麼「維持」這件事就沒有意義了，所以要等到排卵之後，黃體素才會急速升高。為了讓已增厚的子宮內膜維持在懷孕的狀態，黃體素會讓子宮內膜進一步產生變化，以便讓受精卵順利在子宮內膜上安頓下來。受精卵在子宮內膜安頓的過程稱為著床。

➡ **排卵之後才會開始分泌黃體素。**

　　卵巢和子宮會為了卵子的受精做好準備，但大部分的時候都是無功而返，下一次又會再度重新準備受精。這種週期的現象稱為生殖週期。雌激素和黃體素的分泌型態簡化來說可以用排卵當作分界點，排卵前分泌雌激素，排卵後同時分泌雌激素與黃體素。排卵後濾泡會轉變為黃體，黃體可同時分泌雌激素和黃體素（圖3）。

➡ **生殖週期的前半段分泌雌激素，後半段同時分泌雌激素與黃體素。**

## ● 生殖週期

在排卵之前，濾泡會逐漸成熟，子宮內膜變厚。排卵之後，濾泡形成黃體，開始分泌黃體素。黃體素可以支持增厚的子宮內膜，但是黃體只能持續維持兩個星期。

排卵後兩個星期，黃體會萎縮，黃體素的分泌量漸漸降低。增厚的子宮內膜失去支撐，開始剝落，剝落的子宮內膜就是經血（圖3）。請記住這個重點，黃體只能維持兩個星期，因此排卵後兩個星期便會開始出現月經。

**➡ 排卵後兩個星期開始出現月經。**

所謂的月經不順，是生殖週期的哪邊出了問題呢？剛剛提過，「黃體只能維持兩個星期」，不會比兩週短，也不會比兩週長。排卵到下一次月經開始一定是相隔兩週。換言之，月經不順的原因來自生殖週期的前半，也就是上次月經開始時到此次排卵之間的時間。下一次月經開始的時間，是由排卵的時間點決定。這是在有排卵時發生月經不順的情況，沒有排卵時也會發生月經不順，但是機轉比較複雜，現在就暫且不提。

**➡ 有排卵而發生月經不順時，是排卵的時間點不規律造成的。**

生理痛是很痛苦的（男性恐怕無法體會）。一般認為造成生理痛的原因是子宮內膜的動脈收縮。子宮內膜剝落時，內膜中的血管會收縮，因此引發疼痛。有時子宮內膜會在子宮內部以外的地方增生（例如子宮外側），這些增生的部位在月經時也會疼痛，稱為子宮內膜異位，是不孕的原因之一。

**➡ 子宮內膜在正常部位以外的地方增生的疾病稱為子宮內膜異位。**

## ● 受精後的激素分泌（尿液可以用來驗孕的原理）

如果卵子能順利與精子結合，受精卵會移往子宮內，附著在子宮內膜上（著床），在著床的部位開始形成胎盤。胎盤形成後會開始分泌與

黃體生成素（LH，p.98）作用相同的激素。黃體受到這種激素刺激後，會繼續分泌黃體素，維持懷孕。到了懷孕中期之後，胎盤本身會大量分泌雌激素與黃體素，就不再需要黃體了。

**➡ 懷孕中期之後，胎盤本身會自行分泌必要的激素。**

胎盤會分泌與黃體生成素作用相同的激素，而這種激素會隨尿液被排出體外。所以可以藉由尿液中是否有這種胎盤分泌的激素來判斷是否懷孕。尿液中有這種激素就是有懷孕，沒有就是沒有懷孕。使用敏感度高的檢驗方法，可以測得很微量的激素，在懷孕4 ～ 5週時就能檢驗出陽性反應。

**➡ 尿液驗孕是檢驗尿液中是否含有胎盤分泌的激素。**

## ● 懷孕週數的計算方法

計算懷孕週數時，是從最後一次月經開始的日子計算已滿的週數，稱為懷孕○週。過去的人比較常說懷孕○個月（計算到未滿的月數），現在大多計算週數。一般來說，上一次月經開始之後第14天會排卵，沒有受精時會在第28天開始下一次月經。上一次月經開始到此次月經的前一天，共28天，可以說是懷孕4週。前4週的日數和是否受精無關，因此就算本人並不知道，也可以說已經「懷孕」四週了。

**➡ 懷孕週數是從最後一次月經開始日起的週數。**

可以開始受精的日子是懷孕2週，到第16週左右胎盤已幾乎長成，在第40週分娩。所以預產期就是第40週、第280天。進行產檢時，醫師都能很快算出預產期，不過計算方式說穿了其實非常簡單。只要將最後一次月經開始日期的月份加9，日期加7就可以了。另外附帶一條規則是「若月份超過12則將加9改為減3」。因為280天這個數字原本就只是預產期的估計值，所以大月小月或是閏年這些細節都略去不計。

**➡ 懷孕時間為40週。**

# 醫師真是神醫

計算預產期時只要將最後一次月經開始日期的月份加9，日期加7就可以了。

## ●排卵與受精的時機

　　射精後的精子壽命為48小時，排卵後的卵子壽命為12～24小時。兩者如果沒有在這短短的時間中相遇就無法受精。也就是說，在為期一個月的生殖週期中，可以受精的時間就只有兩天而已。其他的日子無論發生多少次性行為都不會受精。如果想要孩子的話，就在排卵日性交，不想要孩子的話就避開排卵日性交。兩種方式任君選擇。

　　但是月經不順的人要特別注意受精的時機。之前提過，月經不順的原因是排卵日不規律，因此就很難預估排卵日。可以藉由觀察子宮分泌

物或是用超音波（p.206）觀察卵巢的狀態以大致預估排卵日。

**➡ 精子壽命為48小時，卵子壽命只有一天。**

黃體素的作用是維持懷孕，所謂的維持懷孕也包括阻止懷孕的新發生。所以在懷孕期間是不會再次懷孕的，因為黃體素可以抑制排卵。口服避孕藥中就含有黃體素，所以能夠抑制排卵。此外，黃體素還具有讓體溫升高的作用，所以也可藉由測量體溫來預測黃體素分泌的情況，這種體溫稱為基礎體溫，在排卵後會進入高溫期。服用口服避孕藥期間會一直維持在高溫期（圖3）。

**➡ 黃體素可以抑制排卵。**

哺乳期間排卵也會受到抑制，因為腦下垂體會分泌泌乳素。泌乳素除了促進乳汁分泌之外，也會抑制排卵。所以在哺乳期間很難受孕。

**➡ 哺乳會抑制排卵。**

---

**MEMO**　胎 兒 聽 得 見 外 界 的 聲 音 嗎 ？

有些人會讓胎兒聽古典音樂等進行所謂的胎教。不過，當孕婦本人聽音樂的時候，胎兒聽得見相同的聲音嗎？我個人認為應該是聽不見的。因為外界的空氣振動在孕婦的身體表面會被反射，振動幾乎不會傳到羊水（p.110）。也許是因為莫札特的音樂能讓孕婦放鬆，而對胎兒產生間接的影響。實際狀況如何沒有人知道。

---

# 第 2 部分

## 臨床生理學

本章由生理學廣泛的領域之中精選出與疾病相關，
並且能激發求知欲的內容，以便讓讀者體會到生理學的樂趣。

physiology **26**

iPS細胞可以變身成所有種類的細胞

# 發生分化與幹細胞

## ●什麼是分化？

　　人體源自於受精卵，隨著受精卵的分裂增生，其形態與外觀也會逐漸改變，出現之後會形成血管、神經、消化器官、皮膚的細胞團。接著繼續分裂增生，長出血管、腦神經、腸胃、肝臟、皮膚等等。光是血液中的細胞就有紅血球、白血球、血小板等許多種類，人體所有的細胞都是由同一種細胞分裂出來的，這個最原始的細胞稱為幹細胞（圖1）。幹細胞除了增生能力很強之外，還可以轉變為各式各樣的細胞。轉變為不同細胞的過程稱為「分化」。

　　➡ 起始的細胞轉變為各種不同細胞的過程稱為分化。

## ●幹細胞的種類

　　剛才提到幹細胞會分裂為一般的細胞，可以說是專門負責分裂增生的細胞。幹細胞並不會老化，隨時都能無限的分裂增生，之後我們會再詳細說明這個部分。

　　幹細胞也有許多不同的種類，例如可以產生血球的細胞稱為血液幹細胞（p.17）。血液幹細胞分裂之後可以形成紅血球、白血球或血小板，也可以分裂複製出同樣的血液幹細胞。

　　神經幹細胞可以產生神經細胞，肌肉中有肌肉細胞的幹細胞，肝臟中也有肝細胞的幹細胞。名稱都一樣，是不是讓人感覺很容易混淆呢？血液幹細胞只能產生血球，不過也有些幹細胞是可以形成任何種類的細胞，稱為萬能幹細胞。

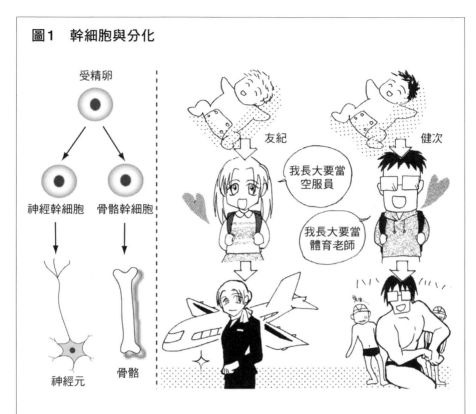

圖1　幹細胞與分化

受精卵

神經幹細胞　　骨骼幹細胞

神經元　　骨骼

友紀

健次

我長大要當
空服員

我長大要當
體育老師

▶ 所有的細胞和組織都是由受精卵分裂而來。細胞轉變形成其他不同種類細胞的
過程稱為分化。
友紀和健次剛出生的時候非常相像，但是隨著逐漸長大而開始展現出彼此不同
的個性。

**➡ 體細胞來自幹細胞。**

　　萬能幹細胞又是怎麼樣的細胞呢？受精後的卵子就是一種萬能幹細
胞，這是很容易理解的，因為人體所有的細胞都是由受精卵分裂而來。
研究發現，發育中的囊胚（blastocyst）含有胚胎幹細胞（embryonic
stem cell）這種萬能幹細胞（圖2）。日本京都大學的山中伸彌博士最
近（2006年）成功將一般的細胞轉變為萬能幹細胞，並命名為誘導性
多功能幹細胞（induced pluripotent stem cell，簡稱 iPS 細胞）。iPS 細

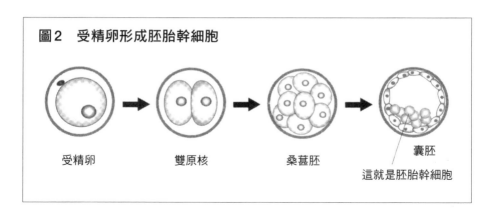

圖2　受精卵形成胚胎幹細胞

受精卵　　　雙原核　　　桑葚胚　　　囊胚

這就是胚胎幹細胞

胞可以無限次分裂，並且能分化為各種細胞。目前正在研究使用iPS細胞替換病變細胞以治療疾病。iPS細胞的技術可以用來治療傷口、防止老化、用於再生醫學（p.167），甚至是複製人（p.167）。山中博士也因為這項成就而在2012年獲頒諾貝爾生理醫學獎。

➡ iPS細胞是一種萬能幹細胞。

## ●年輕的細胞和老化的細胞

　　人體中的細胞不斷新陳代謝，汰舊換新。細胞老化後死亡，又再產生新的年輕細胞。老化的細胞分裂能力很差，只有年輕的細胞才能分裂。年輕而專職分裂的細胞，可視為幹細胞。一般的細胞通常在年輕時期分裂增生能力很強，但還無法熟練發揮功能。老化的細胞則是細胞的功能佳，但分裂增生能力差。人體處於最年輕階段的細胞就是受精卵。

➡ 細胞愈年輕，分裂增生能力愈強。

　　那麼，所謂「年輕的細胞」和「老化的細胞」又是指什麼呢？請回想一下各種細胞的功能。人體中的每個細胞都負責特定的任務，例如吞噬細菌（白血球）、吸收營養（腸內的細胞）、活動身體（肌肉細胞）等等。另一種重要的任務則是分裂增生。換句話說，分裂增生也是細胞的任務之一。一般來說，細胞分為負責普通工作的細胞和負責分裂增生

的細胞。很少有同一個細胞會同時負責普通工作和分裂增生。例如肝臟內部就分為負責代謝和解毒的一般肝細胞，以及負責分裂增生以供應新肝細胞的細胞。其中一般肝細胞占絕大多數。

➡ **普通工作與分裂增生是由不同的細胞負責。**

## ● 細胞的分化

人類在兒童時期幾乎沒有辦法進行任何工作。在學生時期讀書學習，取得出社會需要的能力。也就是說，我們需要經過一段時間的學習，才能獲得執行工作的能力。細胞也是一樣的，剛分裂產生的新細胞，也需要一些學習才能發揮應有的功能。學習的時間隨細胞的種類而異。有些細胞分裂出來之後馬上就能發揮功能，而淋巴球等細胞則需要相當長時間的學習（p.19）。

➡ **細胞需要一定的程度學習才能發揮應有的功能。**

細胞誕生之後是如何變成其他細胞呢？請想一想人類如何獲得從事職業所需的技術。我們在成長的過程中逐漸找出日後就職的方向，有很多不同的選項，也有很多發展的可能性。前面說過，「細胞轉變成各種不同細胞的過程稱為分化」（p.156），我們也可以將「分化」看做是細胞選擇自己的工作，而「成熟」則是提升工作所需的能力。剛誕生出來的細胞「未分化」且「未成熟」，經過了學習之後，才分化、成熟形成獨當一面的細胞。

➡ **未分化且未成熟的細胞經過分化、成熟形成獨當一面的細胞。**

## ● 組織的分化

除了單獨一個一個的細胞會分化之外，人體的組織也會分化。受精卵發育過程中，會形成具有特定目的的細胞團。這些細胞聚集在一起形成組織（例如肌肉組織、脂肪組織、神經組織等），組織再聚集在一起形成器官。

　　舉例來說，胚胎（還未形成胎兒之前的狀態）發育過程中，在中間會形成一條管道，就是消化道的雛形，之後會轉變成食道、胃部、腸道。原本只是一條粗細均勻的管道，漸漸分化出胃或是腸等等。位於胚胎中間的管道，在靠近頭部與正中央的部位會漸漸向外拉開凹陷。靠近頭部的凹陷之後會變成肺部，正中央的凹陷會形成肝臟、膽囊、胰臟（圖 3）。所以胃腸和肝臟、膽囊、胰臟源於相同部位，消化道和肺部也源於相同部位。

**➡ 消化道和肺部在發生學上屬於同類。**

　　神經則是和皮膚源於相同部位，棒狀的脊髓會陷入背部的皮膚（此時尚未完全形成皮膚）中，脊髓頂端膨大形成腦部。由於神經和皮膚源於相同部位，因此先天性的神經異常疾病經常伴隨著皮膚的異常。除此之外，血管和心臟源於相同部位，血球和血管也源於相同部位。

**➡ 神經和皮膚在發生學上屬於同類。**

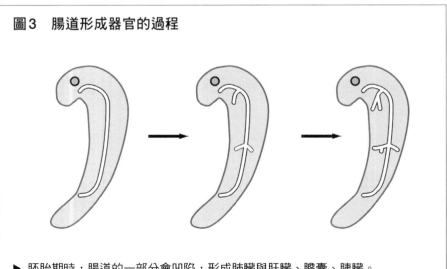

**圖 3　腸道形成器官的過程**

▶ 胚胎期時，腸道的一部分會凹陷，形成肺臟與肝臟、膽囊、胰臟。

## ●細胞分裂時的變化是必須的嗎？

　　細胞分裂增生時，基本上會形成兩個和原本細胞一模一樣的細胞。這種情況下不可以變成不同的細胞，必須產生兩個完全相同的細胞。但是從長時間的角度來說，生物還是必須要順應環境的改變進行微調。因此，在分裂時偶爾產生具有細微差異的細胞是必要的。換言之，細胞分裂在微觀的時間來看必須具有正確性，但在巨觀的時間來看則是需要具有彈性。

　　➡ 細胞的分裂必須具有正確性，但在巨觀的時間來看仍需要具有一些彈性。

## ●細胞分裂次數的上限

　　那麼，細胞的壽命是否有一定呢？多細胞生物為了保持新陳代謝，必須要讓老化的細胞死亡，並補充年輕有活力的細胞加以取代。

　　➡ 身體會讓老化的細胞死亡。

　　一般細胞可以分裂的次數是一定的。例如血管內側的血管內皮細胞，大概最多只能分裂五十次左右，之後就無法繼續分裂。以下說明如何限制細胞的分裂次數。

　　所有的細胞中都有「基因」，也就是遺傳因子，遺傳的特性就取決於這些遺傳因子。遺傳因子由DNA（去氧核糖核酸）構成。DNA由核苷酸（nucleotide）分子連接形成，形狀有如長長的繩索。這種繩索結構在英文稱為chain，中文翻譯為DNA鏈。DNA鏈以兩條為一組。當細胞分裂時，也必須複製出一組一樣的DNA鏈。但是在複製的時候，DNA鏈的末端部位並不會被複製，因為DNA的複製只能往單向進行（圖4）。複製的機轉相當困難，這裡我們暫不深談，先記得「每次複製出來的DNA鏈都會稍微縮短一些」就可以了。

　　➡ 每次複製出來的DNA鏈都會稍微縮短一些。

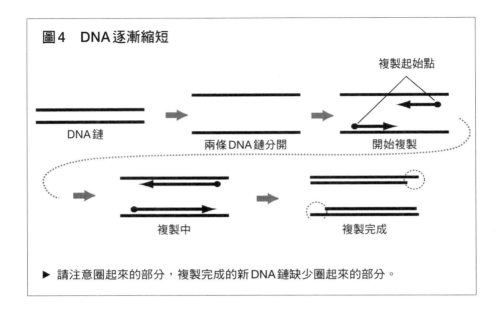

**圖4　DNA逐漸縮短**

複製起始點

DNA鏈

兩條DNA鏈分開

開始複製

複製中

複製完成

▶ 請注意圈起來的部分，複製完成的新DNA鏈缺少圈起來的部分。

## ●端粒

　　DNA鏈的末端稱為端粒。隨著細胞分裂，端粒會逐漸縮短，短到一個程度時，身體會判斷該細胞已經老化，而讓細胞死亡。年輕細胞的端粒較長，之後每次分裂端粒都會縮短一些。打個比方，端粒就好像是點數券一樣，細胞裡面有一條五十張連在一起的點數券，每分裂一次就會撕掉一張點數券，當點數券用完，細胞的壽命就走到終點。

　　➡ 細胞可分裂的次數是固定的。

　　DNA鏈的末端反應性非常高，很容易和其他DNA鏈的末端結合。端粒存在的目的是為了防止這樣的反應產生，當端粒短到一個程度時，就無法抑制結合的反應，使得DNA鏈的末端相互纏繞。出現這些遺傳因子異常的細胞，一般來說會被視為壽命終了而死亡，但是有時異常細胞不會死亡而殘留下來，也就是癌細胞。實際觀察癌細胞時，經常可以發現這類遺傳因子異常。

　　➡ 端粒的作用是抑制DNA末端的反應性。

# 無限增加的洗碗券

可以自行延長端粒的細胞，就能接近無限次的反覆分裂，接近長生不老。田中家的媽媽自己複製了「洗碗券」，就好像是長生不老一樣愈用愈多。說到「洗碗券」這種東西還真讓人懷念呢。

　　然而有一些細胞可以接近無限次的分裂，最具代表性的就是受精卵和幹細胞，癌細胞的分裂能力也很強。這些細胞為什麼可以多次分裂呢？因為這些細胞縮短的端粒可以再延長。套用之前的譬喻來說，這些細胞可以自己印刷點數券，補足用掉的部分，所以張數永遠不會減少，因為有這樣的功能，所以就能接近無限次的分裂。將端粒延長酶的基因以人工方式添加到細胞內，就可以讓細胞獲得很強的分裂增生能力。將這種基因加入人體，說不定就能讓人變得長生不老，不過，也有可能會變成癌細胞。

➡ 可以自行延長端粒的細胞，能無限次分裂。

让人類也能像蜥蜴再生尾巴一樣再生

# 基因治療與再生醫學

## ●基因治療

　　人體中缺乏某些特定蛋白質會引起疾病。也有些特定的蛋白質可以有效地治療疾病。因此投予體內缺乏、或是具有特殊療效的蛋白質可以用來治療疾病。但是要取得質與量足以產生療效的純蛋白質很困難。一般是由人體、動物、大腸桿菌等取得蛋白質後加以純化，但是純化出完全純粹的單一蛋白質，而且達到有效數量的技術相當困難，所以費用高昂。而另一種治療策略是讓病人的細胞自行生產治療的蛋白質，這種方式就是基因治療。

　　➡ **基因治療是讓病人的細胞自行生產目標蛋白質。**

　　前一章提過，「遺傳的特性取決於基因」，更仔細地說，基因是細胞核中的DNA（去氧核糖核酸），作用就像是蛋白質的藍圖，細胞會根據藍圖製造蛋白質。將目標蛋白質的藍圖放到細胞中，細胞就會開始製造目標蛋白質。至於藍圖要放進哪些細胞比較好呢？當然是原本已經可以製造目標蛋白質的細胞最好。困難的點在於如何將基因放入細胞中。為了達成「植入基因」這項困難的工程，科學家曾使用脂質、蛋白質、病毒等等……費盡心思，但目前還沒有找到有效率又安全的「植入基因」技術。這是導致基因治療無法普及的障礙之一。

　　➡ **病毒也被用於基因治療。**

## ●基因改造動物

　　「替換基因」的原理和基因治療相同。以植物中的大豆來說，放入

外來的基因就可以讓大豆細胞製造出原本沒有的蛋白質，這就是所謂的基因改造大豆。在動物的受精卵階段植入基因，則動物長成之後體內所有的細胞都會有植入的基因，稱為基因轉殖動物（transgenic animal）（圖1）。進行這種操作的目的是研究植入基因的作用，主要是為了研究而非治療。目前已經有上萬種基因轉殖老鼠被用於醫學研究。

➡ **外加入基因的動物稱為基因轉殖動物。**

　　研究未知基因的作用時，其中一種方法是將該基因放入動物體內，製造出基因轉殖動物，再觀察該動物出現的特性。另一種方法是去除想研究的基因，再觀察動物的樣子。比起基因轉殖動物，取走基因的技術更繁複一些，但是可以只單獨去除一個特定的基因，製造出「基因剔除動物」。使用這種方式可以了解剔除基因的作用，但是不能使用在人體上。

➡ **去除了特定基因的動物稱為基因剔除動物。**

---

**圖1　基因植入動物**

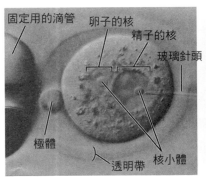

[將基因植入受精卵]
使用細玻璃針頭將基因注入剛受精的小鼠卵子。可以看見卵子的核和精子的核，將針插入精子的核中。必須由技術純熟的人員在顯微鏡下操作。
（發育生物技術實驗手冊～基因轉殖小鼠製作法，野村達次監修，勝木元也編，講談社，1987年。圖片翻拍轉載自封面。）

[基因植入小鼠的神經元]
將發光水母體內的發光基因轉殖小鼠，其腦部的顯微照片。由於發光基因的作用，小鼠腦部的神經元會發出綠光（黑白照片下呈現白色）。（照片由日本東海大學佐藤正宏博士提供）

　　基因轉殖動物是在原本的基因中加入微量的外來基因。基因剔除動物則是從原有的基因中去除特定的基因。在媒體中聲名大噪的「桃莉羊」並不屬於以上二者，牠是複製動物，將原本的基因完全去除，直接使用整組外來的基因加以取代。桃莉羊是使用尖端的技術，從受精卵中去除原本的細胞核（幾乎所有基因都位於細胞核中），放入外來的細胞核之後，於1996年7月誕生。但是這種方法相當違反自然，還有很多未能解決的問題，成功率仍然很低。在未解決的問題中，最具代表性的是端粒（p.162）的問題。植入的基因來自成年的個體，因此理論上端粒已經縮短了。而桃莉羊已於2003年2月死亡。

➡ **複製動物是直接使用整組外來的基因取代所有基因的動物。**

　　在尚未解決端粒等問題之前，幾乎是不可能安全地製造出複製人。有人將複製人視為重回人世的惡魔。姑且不論倫理上的爭議，複製人的內容物就像是同卵雙胞胎。如果真的能產生複製人，就像是有了一個年紀比自己小的雙胞胎弟妹，除了年紀比較小之外，並沒有差異。

➡ **複製人就像是年紀比自己小的雙胞胎弟妹。**

## ●再生醫學

　　蜥蜴的尾巴斷掉之後還能夠再長出來。人類組織的再生能力雖然不如蜥蜴，但一樣可以再生。比如說，皮膚的小割傷即使不去處理也能自行癒合。雖然人類不具有完美的再生能力，但仍然可以迅速修復受損的組織，恢復原貌。這種組織再生能力是可以治癒各種疾病的修復機制。如果能加強這種天然的修復機制，也許就能讓人類像蜥蜴再生尾巴一樣，治療疾病造成的損傷，這種治療方式就稱為再生醫學。藉由再生醫學，可望能獲得新的治療方式，治癒過去人們束手無策的疑難雜症，是未來醫學研發的主要課題之一。因為疾病或老化而疼痛受損的內臟與神經、不完整的骨骼、血液無法流通的組織等等，都能夠再生恢復原貌，是不是很棒呢？

➡️ **再生醫學是讓疾病造成的損傷恢復原貌。**

動脈硬化引發血管阻塞，導致血流供應不足的狀況稱為缺血。治療缺血的其中一種方式是作出一條新的血管。讓身體長出新的血管就屬於再生醫學。

讓身體長出新血管的方式有很多，其中一種是投予基因，對身體發出「長出新血管」的指令。這種方式稱為基因療法。其他方式還有投予血管細胞的幹細胞，讓幹細胞長出血管等等。

➡️ **再生醫學中使用基因療法。**

讓我們來看看一個將基因療法用於再生醫學的例子（圖2）。這是用兔子進行的實驗，首先讓兔子的腿部產生缺血狀態，接著投予基因，命令兔子的身體「長出新血管」作為治療。結果順利長出新的血管，改善了腿部的缺血。圖2是兔子腿部動脈的 X 光片，可以清楚看見基因治療增加血管數量的成果。關於顯影技術的說明，請參閱第204頁。

➡️ **基因療法的效果已經獲得實證。**

再生醫學的相關研究目前非常蓬勃，尤其是血管、骨骼、周邊神經、皮膚的再生醫學，已經達到可以實際使用的階段了。

---

**圖2　基因治療對缺血的療效**

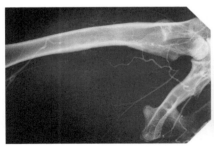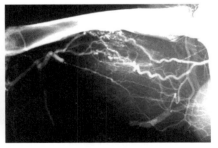

▶供應血液的動脈阻塞或是狹窄導致血流量降低的狀態稱為缺血。左圖是兔子腿部缺血的動脈X光攝影，右圖是接受基因治療之後的結果。白色的線條就是動脈。可以看到基因治療後長出了新的動脈。（圖片由NEDO Project提供）

　　隨著再生醫學的進展，除了治療過去無藥可醫的絕症之外，還可以改善患者痊癒之後的生活品質（quality of life，QOL）。隨著日本步入老年社會，改善人們的健康會帶來很大的幫助。

➡ **再生醫學也能改善患者痊癒之後的生活品質。**

physiology **28**

**誘發天然治癒能力的療法**

# 漢方治療

## ● 漢方治療與民俗療法

　　西醫的治療方式主要是針對疾病與症狀進行治療，漢方治療的主軸則是維持身體的恆定性（homeostasis），換言之是誘發身體天然治癒能力的療法。漢方治療是獲得醫學認可的治療方式，由健康保險也給付漢方治療即可見一斑。不過，漢方治療不可和民俗療法混為一談。民俗療法是魚腥草茶之類老奶奶流傳下來的偏方，或是某些特殊食品可以治療過敏等等。這些民俗療法和漢方醫學不同，並未受到醫學上的認可。

　　➡ 漢方治療與民俗療法不同。

## ● 辯證

　　漢方醫學以「證」為基礎。所謂的證，可代表身體狀況、疾病趨勢等等，確認證處於何種狀態的動作，稱為「辯證」。證是一門很深奧的學問，圖1簡要說明如何依照身體狀況和疾病趨勢進行分類。

---

**圖1　什麼是證？**

 陰、陽　代表疾病的階段，正在與疾病對抗的急性期為陽，疾病的慢性期為陰。

 虛、實　有沒有對抗疾病的抵抗力。有抵抗力為實，沒有則為虛。

 寒、熱　患者主訴感覺熱為熱，感覺冷為寒。

 表、裡　疾病的位置，位於體表（皮膚和關節）為表，位於深層（和內臟有關）為裡。

除此之外，還有氣、血、水等等各種狀態，根據各項狀態的組合情況選擇適合的用藥。舉例來說，治療感冒常用的漢方藥葛根湯，適用於陽實證，因此對於感冒多日、體質虛弱的人效果不佳。所以同一種藥物可能會對某些人有效，但對其他人無效。

→ **漢方醫學以「證」為基礎。**

## ● 漢方藥物

漢方藥物通常使用來自於自然的植物、動物、礦物，因此成分內容非常複雜，包含許多我們仍未知的物質。西醫的藥物則通常只含有單一種物質，是將來自植物、動物、礦物的成分加以人工精煉而得。

以葛根湯為例，是以葛根（一種植物的根）、肉桂、生薑、大棗、芍藥、甘草、麻黃等七種植物的特定部位以固定的比例混合而成。甘草和麻黃屬於藥用植物，但其他五種都是很常見的植物，單獨使用對於感冒幾乎沒有任何療效。當初發明葛根湯的人必須找出特定植物、特定部位與特定混合比例，是很了不起的一件事。

→ **漢方藥物使用天然的植物、動物、礦物。**

說漢方藥物沒有副作用是騙人的，實際上也有副作用。先前舉例的葛根湯中含有麻黃，麻黃具有麻黃素，是和腎上腺素類藥物（p.94）相似的成分。由麻黃提煉而得的麻黃素在西醫常用於治療氣喘等疾病。而由於葛根湯中含有麻黃素，因此也具有和麻黃素相同的副作用，例如心悸、失眠等。

→ **漢方藥物也有副作用。**

西醫的口服藥物大多是在飯後服用，然而漢方藥則大多是飯前服用，一般認為理由是因為空腹時的吸收比較好。

漢方藥物原本都是要煎煮之後服用，喝下溶於大量藥湯中的成分。也有人認為因為藥湯的份量大，飯後再喝就喝不下了，所以才要飯前喝。這也許是選擇飯前服藥的理由之一。目前醫院處方的漢方藥幾乎都

# 總是勞煩你照顧了

是將藥湯冷凍乾燥後製成的粉末。製作方式和即溶咖啡粉一樣。雖然現在廣泛使用加工為粉末的產品，還是請記得漢方藥原本是將成分溶於藥湯中，並於飯前服用。不過也有例外就是了。

➡ 漢方藥在飯前服用。

[參考資料：《當代治療藥物解說手冊》，水島裕編，南江堂]

醫療用的漢方藥物葛根湯
（TSUMURA股份有限公司）

physiology **29**

為什麼白血病不稱為白血球癌

# 上皮與癌症

## ●細胞、組織、器官

　　人體由細胞構成，細胞聚集在一起形成具有特定功能的團塊稱為組織，例如神經組織、脂肪組織、肌肉組織等。組織集合在一起形成器官，例如肝臟、腎臟等。

　　人體細胞分為生殖細胞與非生殖細胞，以數量來看則絕大多數為非生殖細胞（p.145）。非生殖細胞又分為上皮細胞和非上皮細胞兩類。

　　➡ 所有的人體細胞均可分為上皮細胞和非上皮細胞兩類。

## ●上皮組織

　　在說明上皮細胞和非上皮細胞的差異之前，讓我們先複習一下受精卵的發育過程。受精之後，受精卵開始細胞分裂，長成內部有一條管道、類似魚的形狀（p.160）。這條管道未來會形成消化道，入口附近的部分會凹陷形成肺部，正中央的部分凹陷形成肝臟、膽囊、胰臟，出口附近則凹陷形成泌尿生殖器官。其他腦下垂體、甲狀腺、腎上腺的等內分泌腺也是先形成凹陷之後，再與分枝的管路分開獨立出來。換言之，就是將人體分

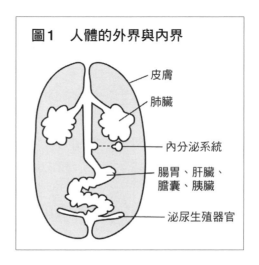

**圖1　人體的外界與內界**

- 皮膚
- 肺臟
- 內分泌系統
- 腸胃、肝臟、膽囊、胰臟
- 泌尿生殖器官

為與外界接觸的表面，以及非表面的部分。與外界接觸的表面如圖 1 所示，表面的組織就稱為上皮組織。具體來說就是消化系統、呼吸系統、泌尿生殖系統、內分泌系統與皮膚。

➡ **上皮組織包括消化系統、呼吸系統、泌尿生殖系統、內分泌系統與皮膚。**

稍微偏離一下正題，請各位想像一下火車的車廂。火車車廂有很多不同的種類，但是地板以下的構造都是相同的，地板之下的結構包括車輪、引擎、避震器、煞車等。不管是自強號還是莒光號，地板以下的構造都一樣，只是引擎的馬力或是避震器強度會有差異。結構的性質也許不同，但具備的種類項目並無差異。可是地板以上的構造則隨車廂的用途而大相逕庭。通勤電車配備硬椅子，自強號則是柔軟的座椅，另外還可能有臥鋪、餐車的廚房設備與餐桌等等，各式各樣不同的設備。簡而言之，火車車廂在地板以下的構造都相同，但是地板以上則有各種不同種類。

➡ **所有的火車車廂在地板以下的構造都相同，但地板以上則因應其用途而有各種不同的設備構造。**

## ●內臟的差異來自上皮細胞的差異

上皮組織就好像是火車的車廂，是與外界接觸的部分。而直接與外界接觸表面的細胞則稱為上皮細胞。每種器官具有完全不同的上皮細胞，就相當於車廂中椅子或臥鋪等等的部分。實際在人體中，肺臟的上皮細胞具有獲取氧氣的功能、腸胃的上皮細胞具有消化吸收功能、腎上腺與甲狀腺的上皮細胞具有激素分泌功能等等。上皮細胞以下的部分則是具有血管、神經、肌肉等，以輔助上皮細胞發揮功能。血管可供應血液，神經和肌肉等則是控制上皮細胞的功能。

各器官中血管、神經、肌肉的多寡有程度上的差異，但都會具有這些組織。無論是肺臟、胃、腸、腎上腺、甲狀腺，深層都一樣具有血管、神經與肌肉。當然，在數量上會有差別。肺臟需要運輸氧氣，因此有大量的血管。胃部需要進行消化運動，所以平滑肌發達。但是所有器

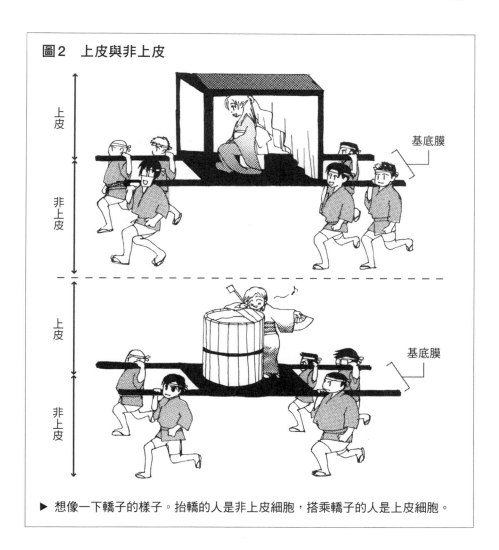

圖2　上皮與非上皮

上皮

非上皮

基底膜

上皮

非上皮

基底膜

▶ 想像一下轎子的樣子。抬轎的人是非上皮細胞，搭乘轎子的人是上皮細胞。

官深層「零件」的項目都是一樣的。不管是肺臟、胃、腸、腎上腺或是甲狀腺，在非上皮部分的細胞種類都相同，構造類似。

　　換言之，所有的組織都具有類似的非上皮細胞，其上層則是該組織特有的上皮細胞，毫無例外。器官功能的差異來自於上皮細胞的功能差異。圖2以譬喻的方式說明上皮細胞和非上皮細胞。

　　➡ 所有的器官只有上皮細胞具有差異，非上皮細胞部分均相同。

　　上皮細胞與非上皮細胞之間，被一層叫做基底膜的膜狀結構徹底的分隔開來。基底膜是纖維構成的膜（不是細胞），就像是一塊布一樣。換言之基底膜之上靠表面的一側是上皮細胞，基底膜之下往內則是非上皮細胞，兩者以基底膜為分界線。以之前火車的譬喻來說，基底膜就相當於車廂的地板。

　　➡ 上皮細胞與非上皮細胞的分界線是基底膜。

## ● 癌症

　　接著讓我們來談談「癌症」。各位知道癌細胞是怎麼樣的細胞嗎？標準答案是「正常細胞癌化之後稱為癌細胞」，不過光看這樣的敘述應該還是無法真正的了解吧。實際上很難為癌細胞做出明確的定義，在這裡暫且先給各位一種概略的說法，「癌細胞是失序不斷增生的細胞」。那麼，這又和上皮有什麼關係呢？關係可大了。

　　➡ 正常細胞癌化之後稱為癌細胞。

　　細胞癌化之前，可分為兩種，也就是本章提到的上皮細胞和非上皮細胞。換句話說，所有的癌症都可分為「上皮細胞癌化形成的癌症」與「非上皮細胞癌化形成的癌症」。

　　重點是上皮細胞癌化形成的癌症稱為「癌，正確來說是癌瘤（carcinoma）」，而非上皮細胞癌化形成的癌症則稱為「肉瘤（sarcoma）」（圖 3）。各位也許在電視劇中聽過，骨骼（非上皮細胞）的癌症被稱為骨肉瘤，而非骨癌瘤。簡而言之，癌瘤為上皮性，肉瘤為非上皮性。

　　➡ 上皮細胞癌化形成的癌症稱為癌瘤，非上皮細胞癌化形成的癌症稱為肉瘤。

　　特地將癌瘤與肉瘤區分開來，是因為兩者的臨床性質具有顯著的差異。發生率、症狀、療法、病程等都完全不同。沒有上皮細胞的器官或組織，例如骨骼和腦部，不會發生癌瘤，這些部位發生的癌症都是肉

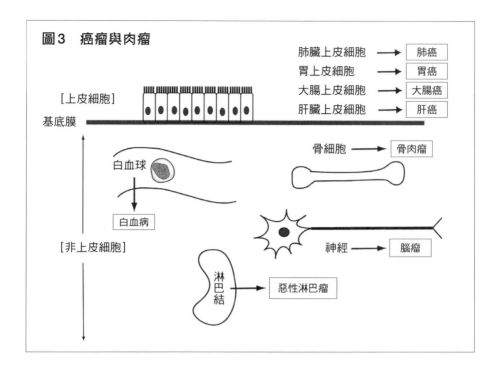

圖3　癌瘤與肉瘤

肺臟上皮細胞 ⟶ 肺癌
胃上皮細胞 ⟶ 胃癌
大腸上皮細胞 ⟶ 大腸癌
肝臟上皮細胞 ⟶ 肝癌

[上皮細胞]
基底膜

白血球
白血病

[非上皮細胞]

骨細胞 ⟶ 骨肉瘤

神經 ⟶ 腦瘤

淋巴結 ⟶ 惡性淋巴瘤

瘤，骨骼癌化稱為骨肉瘤、白血球癌化稱為白血病、腦細胞癌化稱為腦瘤。

　　由以上所述可知，將細胞分為上皮細胞與非上皮細胞，除了有助於理解各個器官的不同功能之外，也更能讓我們了解癌症這種疾病。

➡ **癌瘤與肉瘤的特性具有顯著的差異。**

**MEMO**　使 用 抗 癌 藥 時 ， 哪 些 組 織 容 易 發 生 副 作 用 ？

人體中有四種組織的細胞分裂增生最為活躍，分別是骨髓、腸道、毛囊與睪丸。而最脆弱的組織則是神經和卵巢。由於癌細胞的細胞分裂作用旺盛，因此抗癌藥物和放射線治療主要是以組織細胞分裂的方式來治療癌症。所以抗癌藥物和放射線治療常見的副作用特別容易發生在其他細胞分裂旺盛或是脆弱的細胞，也就是貧血、感染、出血（以上屬於骨髓相關副作用）、腹瀉、消化道出血（以上屬於腸道相關副作用）、禿髮（毛囊）、不孕（睪丸、卵巢），還有神經病變。

physiology **30**

殺死細菌的關鍵在於攻擊與人體細胞不同之處

# 抗生素

## ● 抗生素攻擊的位置

抗生素對人體幾乎沒有影響，只會殺死細菌，是一種很有用的藥物（圖1）。以下為各位介紹為什麼抗生素只會殺死細菌。

人體與細菌都是由細胞構成的。人類是動物細胞，細菌則是細菌細胞，兩種細胞的構造相同嗎？實際上兩種細胞的構造具有一些差異，抗生素就是利用這樣的差異，針對動物細胞中沒有、但對細菌細胞來說不可或缺的部位加以攻擊。

　➡ **抗生素針對動物細胞中沒有、但對細菌細胞來說不可或缺的部位加以攻擊。**

舉例來說，細胞是由成袋狀的細胞膜包覆而成。人類細胞的最外層就是細胞膜，之外沒有別的結構。但細菌細胞在細胞膜之外還有一層厚膜，稱為細胞壁。植物的細胞也有很類似的細胞壁。細菌沒有細胞壁就無法存活。細胞壁的有無就是人類細胞和細菌細胞的最大差異之一。

　➡ **細菌有細胞壁，人體細胞沒有細胞壁。**

將細菌的細胞壁破壞之後會怎麼樣呢？細菌失去細胞壁之後就無法存活，因此會死亡。將人體細胞的細胞壁破壞又會怎麼樣呢？什麼事也不會發生，因為人類的細胞根本沒有細胞壁。所以，對人類投與會破壞細胞壁的藥物，對人體細胞不會造成影響，只會殺死細菌細胞。抗生素作用的原理就是像這樣針對細菌細胞與動物細胞的差異加以攻擊。盤尼西林是讓細菌無法製造細胞壁的藥物。這邊說的盤尼西林，並不是指單一種藥物，還是一類藥物的總稱。有許多種藥物都屬於盤尼西林類。

### 圖1　抗生素的作用位置

▶陽光對人類無害，
只會影響吸血鬼。
抗生素也一樣，對
人體幾乎無害，只
會影響細菌。

➡ 盤尼西林類藥物可阻斷細胞壁的合成。

　　前面以盤尼西林為例說明抗生素如何殺死細菌。除了細胞壁之外，動物細胞和細菌細胞還有很多差異，科學家針對這些差異研發出了許許多多的抗生素。有些細菌並不具有細胞壁，例如性傳染病中常見的披衣菌，盤尼西林對披衣菌感染就沒有療效。

➡ 抗生素不見得對所有的細菌都有效。

### ● 細菌的反擊

　　細菌面對盤尼西林的攻擊也不會乖乖地束手就擒，有些細菌已經發

# 下雨也沒關係

抗藥菌：細菌面對抗生素的攻擊不會乖乖地束手就擒，會發展出抗藥性。友紀就像是細菌、帕夫洛夫是人體細胞，雨則是抗生素。友紀不喜歡淋雨，所以後來記得帶傘出門，只要一傘在手就不用顧慮了。

展出分解盤尼西林的能力。使用盤尼西林無效的細菌稱為盤尼西林抗藥菌。對付這樣的細菌必須使用更強力的抗生素。但是，細菌也開始對更強力的抗生素產生抗藥性，所以必須要用更強更強的抗生素。而細菌又對更強更強的抗生素產生抗藥性……。就像這樣，新型抗生素與抗藥菌不斷進行著道高一尺魔高一丈的追逐，直到現在仍然持續沒有停止。

　　➡ 細菌會發展出對抗生素的抗藥性。

　　甲氧苯青黴素（methicillin）是一種屬於盤尼西林類的抗生素。金黃色葡萄球菌則是一種常見的細菌。現在已經出現對甲氧苯青黴素具有抗

藥性的金黃色葡萄球菌，簡稱MRSA（Methicillin-resistant Staphylococcus aureus）。MRSA除了對盤尼西林類抗生素具有抗藥性之外，對其他抗生素也具有很強的抗藥性，在臨床上是一種很難根除的細菌。在人類研發抗生素與抗藥菌的競賽中，MRSA可以說是占了上風。

➡ 幾乎所有抗生素對MRSA的效果都很差。

## ●病毒與細菌

病毒和細菌是完全不同的生物。細菌由細胞構成，但是病毒並不是細胞。病毒的結構像是蛋白質形成的袋子包覆著核酸，介於生物和非生物之間。相較於細菌，病毒的尺寸非常小。一般的抗生素是針對殺死細菌「細胞」所研發，對病毒無效。研發只會殺死病毒的藥物非常困難，目前已有更多抗病毒藥物順利上市。感冒通常是由病毒所引起，感冒的時候使用抗生素沒有辦法殺死感冒病毒，所以抗生素對感冒不具有療效。

➡ 一般的抗生素對病毒無效。

physiology **31**

人類是地球的寄生蟲

# 寄生蟲

## ●寄生蟲與宿主

　　寄生蟲是病原體的一種。名字中有「蟲」字，顧名思義是一種多細胞生物。被寄生的生物則稱為宿主。一般來說，寄生蟲的卵會被排出宿主體外，卵進入其他生物體內發育為幼蟲。其他的生物稱為中間宿主。中間宿主被其他生物捕食後，寄生蟲再長成成蟲。有時會經歷許多中間宿主的階段，寄生蟲發育為成蟲的宿主稱為最終宿主。每種寄生蟲的中間宿主與最終宿主都是一定的。進入其他宿主體內時，因為環境不適合的關係，所以不會成長，或是寄生蟲為了找到合適的地點而在宿主體內到處移動，對寄生蟲和宿主來說都會造成不幸的結果。

　　➜ **每種寄生蟲的中間宿主與最終宿主都是一定的。**

　　被大量寄生蟲寄生時，可能會造成宿主死亡，不過原則上來說，寄生蟲並不會殺死宿主。更準確來說是不可以殺死宿主。這是因為一旦宿主死亡，寄生蟲也會跟著死亡。對寄生蟲來說，最好的生活方式是在不殺死宿主的情況下獲取營養。換個角度想想，地球和人類之間的關係，如果站在地球的觀點來看，人類也像是一種寄生蟲，所以人類是絕對不可以殺死地球的。

　　➜ **人類是地球的寄生蟲。**

## ●蛔蟲

　　蛔蟲是寄生蟲的代表之一（圖 1）。第二次世界大戰後，日本幾乎全國的人口體內都有蛔蟲，不過現在已經很罕見了。蛔蟲居住在腸道

中，腸道可以說是很宜居的環境，不但有恆溫空調，還有吃到飽的食物，蛔蟲只需要專心產生後代就好了，根本就是天堂。不過蛔蟲如果不持續往上游動，就會被向下沖走排出體外。所以麻痺蛔蟲運動的藥物可做為驅蟲藥使用。一條雌蛔蟲一天大約可產下二十萬顆卵，壽命大約是一～二年，所以終其一生大

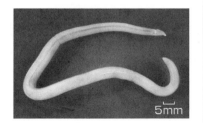

**圖1　蛔蟲的成蟲**

5mm

[圖片取自 NEXT 病理學第61頁，早川欽哉、藤井雅彥編著，講談社，1999年]

約可產下一億顆卵。所以只要有兩條蛔蟲（一雌一雄）順利發育為成蟲，就能維繫物種的存續。也因為蛔蟲的卵數目極多，所以檢查糞便時就可輕易發現蟲卵。

　　過去人類的糞便是肥料的主要原料之一。但是並不會直接把人類的糞便撒在田裡，而是會先跟稻草等混合後加以發酵。發酵產生的熱會使肥料的溫度升高到60℃左右，足以徹底殺死蟲卵。先人的智慧真是了不起呢！

➡ **蛔蟲產卵的數目很多。**

## ●寄生蟲的內部

　　蛔蟲具有口部和肛門。不過吸蟲類只有口而沒有肛門，外型如同甕狀，可能是因為吸蟲生存的環境周遭全部都是可以完全消化的食物吧。條蟲連口部也沒有，結構如同內外翻轉的腸道，可以直接由體表吸收養分。那麼條蟲的內部還剩下什麼呢？幾乎只有生殖器官。而且條蟲是雌雄同體，所以同時具有雄性和雌性的生殖器官。換句話說，條蟲的結構就像是許多個裝著生殖器官的袋子連成長長的一條。感覺是不是好像生物的究極型態呢？

➡ **條蟲沒有口部和肛門，為雌雄同體。**

## ●海獸胃線蟲

　　近來有一些因為海獸胃線蟲造成腹痛的案例，以下為各位簡單介紹海獸胃線蟲。海獸胃線蟲原本是寄生在鯨魚或海豹等海洋哺乳類胃中的寄生蟲。蟲卵隨著這些哺乳動物的糞便排入海中，被磷蝦等甲殼類動物吃下，在牠們體內發育為幼蟲。磷蝦就是中間宿主。最終宿主海洋哺乳動物吃下中間宿主之後，海獸胃線蟲再在最終宿主的胃部發育為成蟲。如果磷蝦被鯖魚或烏賊等動物補食，海獸胃線蟲不會發育為成蟲，而是維持幼蟲的型態寄宿在這些非最終宿主體內。

　　**➡ 海獸胃線蟲的幼蟲寄生在鯖魚或烏賊體內。**

　　當人類食用這些鯖魚或烏賊的生魚片，就會活生生吃下海獸胃線蟲的幼蟲。但是對於海獸胃線蟲來說，人類並非正常的宿主，環境不適合生存，因此幼蟲會試圖鑽入人的胃壁和腸壁內，引起難以忍受的劇痛。這種情況稱為海獸胃線蟲症，在吃下寄生蟲後2～8小時左右發病，但並非所有海獸胃線蟲的幼蟲都會引發急性症狀。此外，幼蟲在人體中並

### 圖2　鑽入消化管壁中的海獸胃線蟲幼蟲

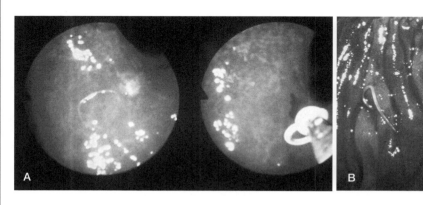

▶A：主宿突然發生腹痛之患者的胃內視鏡照片。左圖可在胃壁中看見海獸胃線蟲幼蟲的影像。右圖是用鉗子夾出幼蟲的過程。（圖片由日本東海大學消化內科學教室提供）B：腸道中的海獸胃線蟲。（圖片由藤田保健衛生大學堤寬博士提供）

# 感染海獸胃線蟲？

吃烏賊生魚片之前可以先透過光線觀察是否有寄生蟲，不過在大庭廣眾之下可能不太好這麼做。另外，人體吃下生魚片之後透過光線觀察是不可能看得到海獸胃線蟲的。

不會發育為成蟲。

　　➡ 海獸胃線蟲的幼蟲鑽入消化管壁中會引起劇痛。

　　海獸胃線蟲的幼蟲大約長 1 ～ 3 公分，可用肉眼看見。使用胃內視鏡觀察主宿腹痛之海獸胃線蟲症患者的胃部，可以看見鑽入胃壁的海獸胃線蟲幼蟲，並用內視鏡前端的鉗子直接將蟲體夾出（圖2）。取出後患者的胃痛就會消失。

　　➡ 海獸胃線蟲症可以內視鏡治療。

　　那麼要如何避免得到海獸胃線蟲症呢？不要吃生魚片是最保險的方法，不過有些不切實際。如果是可以加熱的料理，那麼就儘量以加熱的方式烹調。冷凍也可以殺蟲，但是必須使用很低的溫度，在-35℃以下冷凍15小時左右才行。另外，用醋是無法殺死寄生蟲的。另一種方法是在吃烏賊之前先透過強光仔細觀察。如果發現海獸胃線蟲的幼蟲，先用刀尖將幼蟲一分為二就安全了。也有人認為吃的時候仔細咀嚼，可以將幼蟲咬碎殺死（叔叔有練過，小朋友不要學）。

➡ **家庭用的冷凍庫沒辦法徹底殺死海獸胃線蟲。**

physiology **32**

死亡率100%的可怕疾病

# 普利昂蛋白與BSE

## ●普利昂症

　　一般的感染性疾病是由細菌或病毒所引起。無論是細菌或病毒，這些病原體都含有遺傳物質，也就是核酸。但是「狂牛症」這種疾病的病原體非常特殊，是一種稱為普利昂蛋白的蛋白質，並不具有核酸。由於是普利昂蛋白引起的疾病，因此這類疾病又被稱為普利昂症。「狂牛症」是媒體發明的俗稱，正確的名稱是牛海綿狀腦症（Bovine spongiform encephalopathy，BSE）。

➡ **BSE的病原體是稱為普利昂蛋白的蛋白質。**

　　普利昂症中，最具代表性的是庫賈氏症（Creutzfeldt-Jakob disease，CJD）與BSE。庫賈氏症最初由庫茲菲爾德在1920年提出，隔年賈科博也提出此疾病的報告，因此用這兩位科學家的姓氏加以命名。

➡ **CJD和BSE是代表性的普利昂症。**

　　普利昂症會破壞神經細胞，也就是腦部，目前尚無有效的治療方式，是死亡率達百分之百的可怕疾病。不過發生率很低，例如CJD是每一百萬人中大約只有一人，相當罕見。十八世紀開始，歐洲的羊隻開始流行一種稱為羊搔癢症（scrapie）的腦部疾病，後來經由研究才發現羊搔癢症也屬於普利昂症。

➡ **普利昂症的病變部位是腦部。**

## ●正常普利昂蛋白與異常普利昂蛋白

　　首先讓我們來談談什麼是普利昂蛋白。在神經細胞中含有大量的普

利昂蛋白，是很普通的蛋白質。會造成疾病是因為正常普利昂蛋白的結構產生了些微的變化，形成異常普利昂蛋白。

➡ **普利昂症由異常普利昂蛋白造成。**

異常普利昂蛋白有兩個特點，第一是性質非常安定，難以分解，第二是接觸到正常普利昂蛋白後，會讓正常的普利昂蛋白也變成異常普利昂蛋白。正常的普利昂蛋白很容易就會被蛋白水解酶分解。

➡ **異常普利昂蛋白難以分解。**

異常普利昂蛋白一旦進入只有正常普利昂蛋白的正常細胞，首先會將旁邊接觸到的正常普利昂蛋白轉變為異常普利昂蛋白，新出現的異常普利昂蛋白又再將旁邊的正常普利昂蛋白轉變為異常普利昂蛋白，依此類推，異常普利昂蛋白就像是推骨牌一樣不斷的增加。

➡ **正常普利昂蛋白接觸到異常普利昂蛋白之後，會被轉變為異常普利昂蛋白。**

正常的細胞會不斷合成和分解細胞內的蛋白質，藉由新陳代謝讓細胞維持正常。剛才提過「異常普利昂蛋白的性質非常安定，難以分解」，如同推骨牌般持續增加的異常普利昂蛋白不會被分解，就這樣一直留在細胞內，使得細胞內累積大量的異常普利昂蛋白，最後導致細胞死亡。由於神經細胞中的普利昂蛋白含量較高，所以當異常普利昂蛋白進入體內之後，最先受到影響的就是神經細胞。神經細胞受影響，也就是腦部會受到影響，因此罹患了普利昂症的人類或動物最先出現的就是腦神經症狀，接著死亡。

➡ **異常普利昂蛋白會累積在神經細胞中，導致神經細胞死亡，腦部遭受破壞。**

## ●異常普利昂蛋白的感染途徑

將異常普利昂蛋白植入動物的腦中，有很高的機率會引發普利昂症。以人類來說，如果進行腦部手術時，手術器械或填補劑（用於填補手術摘除組織後的空間）受到異常普利昂蛋白汙染，就會非常危險。實

# 光頭轉學生

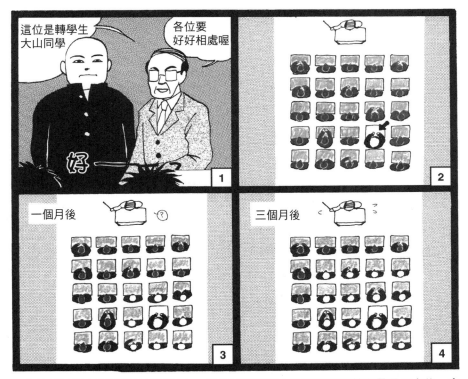

正常普利昂蛋白與異常普利昂蛋白：正常普利昂蛋白接觸到異常普利昂蛋白之後，會被轉變為異常普利昂蛋白。可以把轉學生大山同學看作是異常普利昂蛋白，他留著帥氣獨特的髮型，在班上漸漸造成流行，三個月之後已經成為主流的造型了。

際上的確有因為腦部手術使用的人工硬腦膜受到異常普利昂蛋白汙染，導致患者發生普利昂症的案例。

　　➔ **將異常普利昂蛋白植入腦中會引發普利昂症。**

　　那麼，吃下普利昂蛋白會造成普利昂症嗎？實際上目前還不是非常清楚。正常來說吃下（經口攝取）的蛋白質在消化道內幾乎會完全被分解為基本組成的胺基酸，身體再吸收胺基酸。通常未消化的蛋白質在消化道中是無法直接被吸收的。換言之，經口攝取普利昂蛋白至少必須滿足①在消化器官中不被分解、②以原有的型態直接被消化道吸收、③被

運送到腦部，三個條件，才會引發疾病。

關於第一個條件，現在我們已經可以確定異常普利昂蛋白幾乎不會受到消化酶的影響。前面提過「異常普利昂蛋白的性質非常安定，難以分解」，胃與腸的消化酶無法加以分解。關於第二個條件，目前認為異常普利昂蛋白是被腸道的淋巴組織直接吸收。一般來說，蛋白質要分解為胺基酸才會被腸壁吸收，但是淋巴組織可以直接吸收未被分解的蛋白質。第三個條件方面，目前的理論認為異常普利昂蛋白是由腸道淋巴組織經由神經進入腦部。但是這些理論尚未完全被證明。

➡ **理論認為經口攝取的異常普利昂蛋白由腸道經由神經進入腦部。**

## ●物種的隔閡～羊傳羊，人傳人

一般來說，病原體只能感染特定的生物，很少會感染不同的物種，可以說是具有物種之間的隔閡。比如說，天花只會感染人類，是人類專屬的疾病。經驗上來說，前面提過的羊搔癢症也應該是羊專屬的疾病，除了羊以外的動物，無論是牛或是人都不會受到感染。基於這樣的前提，自從發現這種疾病一百多年來，人們還是持續食用著受感染的羊隻。

➡ **病原體只能感染特定的生物。**

然而，後來牛也開始出現和羊搔癢症非常類似的疾病。有些人認為「羊搔癢症跨越了物種的隔閡，由羊傳染給牛」，也有人認為「牛突然發生了類似羊搔癢症的疾病」。哪一種說法正確至今還沒有定論，不過現在支持前者的人較多。

➡ **近年來，牛隻也開始出現普利昂症。**

第一種說法的根據是什麼呢？歐洲從1920年代開始在牛的飼料中加入碎羊肉和羊骨粉末，稱為肉骨粉。而在1986年，英國首次提出報告發現牛隻出現類似羊搔癢症的症狀，是史上第一例的BSE案例報告。而實際上羊肉骨粉的製造方式在1980年代初期發生過變更，因此

有人以此為佐證之一，認為羊搔癢症經由羊肉骨粉由羊傳給牛。

此理論有兩項重點，第一是疾病跨越了物種的隔閡，由羊傳給牛，第二是普利昂症會經由食物感染，表示「人類食用帶有BSE病原體的牛隻，可能會感染BSE」。1994年，英國發現有患者罹患類似CJD，但和原始CJD具有顯著差異的疾病。這種疾病稱為新型庫賈氏症，被認為是BSE傳染給人類造成的結果。

➡ **有理論認為普利昂症由羊傳給牛，再由牛傳給人。**

## ● 牛肉安全嗎？

那麼，現在仍然持續食用牛肉的人類，以後會不會罹患新型庫賈氏症呢？這個問題仍沒有正確答案。但以科學方法分析現有的情況與證據，結論是「食用牛肉日後罹患新型庫賈氏症的機率雖然不是零，但極為接近零」。

➡ **食用牛肉導致新型庫賈氏症的機率可視為零。**

由於普利昂症本身是極為罕見的疾病，在此先略過詳細的計算方式，不過完全不吃牛肉的人，罹患普利昂症的機率是一百萬人之中有一人，也就是一百萬分之一。而吃牛肉的人其機率則提高到一百萬分之一點五。換句話說，吃牛肉會導致風險增加一百萬分之零點五。只因為這樣微小的差異而完全不吃牛肉是極不明智而且不科學的行為。生活在現代社會中，本來就隨時要面對各式各樣的風險。各位認為為了消除交通意外的風險而關在家裡足不出戶是正確的做法嗎？不憑感覺，而必須用科學的方法判斷什麼風險高、什麼風險需要迴避、什麼風險是可以接受的，這才是我們接受教育和傳播知識的目的。

➡ **判斷風險時應該站在科學的角度進行。**

[參考資料：1.人畜共通感染性疾病系列課程，山內一也（德島大學醫學部附設動物實驗中心WWW 伺服器 ANEX http://www.anex.med.tokushima-u.ac.jp/topics/）2. How to make 臨床實證步驟，狂牛症(1)～(9)浦島充佳，《一週醫界新聞》，第 2460、2461、2464、2467、2469、2470、2474、2476、2477期，醫學書院，2001、2002 年]

physiology **33**

犯人究竟是誰？

# 環境荷爾蒙

## ●環境荷爾蒙對生物的影響

存在於環境中，具有類似激素（p.91）作用，甚至可能導致癌症的物質被稱為環境荷爾蒙。這類化學物質的正式名稱為「外因性內分泌干擾化學物質」，又稱為「內分泌干擾素（Endocrine disrupter substance）」，簡稱EDS。

➡ **環境荷爾蒙的國際通用名稱是 Endocrine disrupter substance，簡稱 EDS。**

環境荷爾蒙是只要極少量就會損害動物健康的化學物質。在環境中的含量很低，除了人工物質之外，也存在天然物質中。大多數具有和性激素相同的作用，會影響原有的激素功能，對生物造成影響。

化學物質造成的健康損害大致上可分為「生殖損傷」與「一般毒性」。生殖損傷是類似性激素的作用導致的生殖功能障礙；一般毒性則是肝臟損傷、神經損傷、發育損傷、致癌性等，與性激素沒有直接關聯的毒性。

➡ **健康損害大致上可分為生殖損傷與一般毒性。**

## ●環境荷爾蒙造成的生殖障礙

首先讓我們探討生殖損傷。生殖損傷大多來自類似性激素，特別是女性荷爾蒙的作用，所以才會被稱作環境荷爾蒙（圖1）。研究發現，與塑膠有關的物質（原料、塑化劑、固定劑等）以及界面活性劑（主要為清潔劑）等化學物質中，有些具有和女性荷爾蒙相同的作用。隨著這

類物質開始被大量工業化生產，開始出現許多雄性野生動物雌性化的報告。由於時序上的關係，研究人員開始懷疑野生動物的問題來自這些化學物質。但是由於只有間接的證據，並無法指出元凶是哪一種特定的化學物質。

➡ **生殖損傷大多來自類似女性荷爾蒙的作用。**

舉例來說，英國的河流中發現一種鯉魚出現雌化的現象，同時也在該河流的水中發現壬基酚這種界面活性劑。由於壬基酚具有類似女性荷爾蒙的作用，因此被懷疑是造成雌化的原因。不過，現在也有人認為兇手是人類和家畜排泄物中的女性荷爾蒙。人類服用的女性荷爾蒙（主要是口服避孕藥）經由尿液排出後進入河流中，導致棲息其中的魚雌化。人類使用口服避孕藥，尿液導致動物雌化，人類食用動物後又導致精子減少，最後讓所有人類不孕……，可以說是因果循環吧。飼養家畜時也會使用到女性荷爾蒙。

➡ **口服避孕藥也是環境汙染的原因之一。**

再舉另外一個例子。遠洋船隻的船底常附著著藤壺，如果藤壺數量

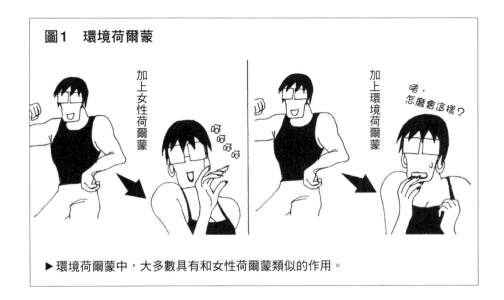

**圖1　環境荷爾蒙**

加上女性荷爾蒙

加上環境荷爾蒙

唔，怎麼會這樣？

▶ 環境荷爾蒙中，大多數具有和女性荷爾蒙類似的作用。

太多會讓航行的速度變慢，所以船底會塗上含有有機錫化合物的塗料。這類物質只要很低的濃度就會讓一種海生螺類的雌性雄化。這是一個屬於雌性雄化的特例。目前環境荷爾蒙對生物的影響中，因果關係已經獲得確證的就只有這個船底塗料的例子而已。

　　➡ **有機錫化合物會引起螺類的生殖障礙。**

　　千萬不要因為生殖障礙不會危及生命就輕忽看待。生物發生生殖障礙時，確實是不會死亡，但從巨觀來看，無法產生後代會讓整個物種面臨滅絕的危機。維持生殖功能在生理學上是非常重要的功能，甚至可以說是最崇高的重要功能。前面舉例的魚和螺類，恐怕已難逃滅絕的命運。即使是表面上看起來正常的動物，實際上可能已經發生輕微的生殖系統異常。

　　➡ **對生物來說，生殖障礙可能導致絕種。**

## ●戴奧辛為什麼有毒？

　　接著我們來談談一般毒性。具有一般毒性的物質中，最有名而具有代表性的就是戴奧辛。戴奧辛與多氯聯苯（polychlorinated biphenyl，PCB）或是 DDT、BHC 等農藥屬於同類物質，都是有機氯化合物，並不具有類似女性荷爾蒙的作用。有機氯化合物的特點是具有蓄積性和致癌性。生物攝取戴奧辛後就無法排出，會一直累積在體內，堆積在脂肪組織中。環境中的戴奧辛濃度相當低，但是會累積在浮游生物體內，小魚吃下浮游生物後累積在小魚體內，大魚吃了小魚後又累積在大魚體內……就這樣濃度愈來愈高，位於食物鏈頂端的人類所吃的魚，其中就會含有高濃度的戴奧辛。只要少量的戴奧辛就會致癌，而即使是更少的微量也會造成胎兒的雌性生殖器官異常。目前日本已禁用含有機氯成分的農藥（台灣也是），但還有些國家仍在使用。

　　➡ **戴奧辛會致癌，極少量會導致生殖障礙。**

# 被女兒給拐了

男朋友就像是環境荷爾蒙，將田中家以爸爸為中心的秩序給打亂了。嗯，不過男朋友出現之前田中家是否真的有秩序也還很難說。

## ●有毒物質容許量

　　環境中確實存在著許許多多不同的有害物質，那麼這些物質的含量在怎麼樣的情況下才算安全呢？判斷非常困難。現在的推算方式是進行動物試驗，確定動物長時間每天攝取特定克數的物質也不會造成影響後（也就是閾值，請參考第100頁），再以相對於人類安全量的比例進行推估，如其一百分之一等等。所謂的每日容許量就是終其一生每天攝取該量也不會造成影響的數值。

　　光用每日容許量來看，幾乎所有的化學物質都不會超過這項標準，但實際上還是可以觀察到野生動物發生異常。這種差異又該如何解釋才好呢？單一有害物質的含量也許很低，但是同時存在非常多已知未知的有害物質，相互合作下，導致生物發生與大量攝取某種有害物質相同的損傷。另一種可能是和有害化學物質無關的物質，例如新型病毒等等。實際上就曾有新型病毒造成野生獅子大量死亡的例子。

　　➡ 多種有害物質的汙染可能會導致重大危害。另一種可能性是新型的病毒。

## ● 植物也會產生環境荷爾蒙

　　環境荷爾蒙並不限於人工合成，自然界中也存在類似的物質。最具代表性的就是大豆等豆科植物，其中含有大量類似女性荷爾蒙的物質。澳洲曾發生許多羊隻死胎、畸胎的例子，原因就是來自羊隻大量食用豆科植物。大豆中也含有大量類似女性荷爾蒙的物質，所以納豆和豆腐的含量也很高。所以這麼說來大豆有毒嗎？過去日本人食用大量納豆和豆腐，不過很少聽到造成危害的例子。而且日本人還以食用納豆和豆腐作為維持健康的方式。我個人也認為納豆是最好的健康食品。換句話說，含有類似女性荷爾蒙的物質不見得是壞事。相較於歐美國家，日本人罹患乳癌與心肌梗塞的比例較低，說不定就是納豆和豆腐的關係。大豆中的女性荷爾蒙究竟是好是壞，還有待流行病學的研究來證明（有人認為青春期的男性應該避免大量攝取大豆）。

　　➡ 大豆中也含有女性荷爾蒙。

[參考資料：日本醫師協會雜誌，第 127 卷，第二期，2002 年]

physiology **34**

氧氣的必要之惡

# 自由基

## ●活性氧物質

　　氧氣是一種可以幫助我們獲取能量的有用物質。呼吸的目的就是為了吸取氧氣，以便進行反應產生能量。除了少數的厭氧菌之外，地球上的生物幾乎全都是利用氧氣取得能量。氧氣是生物生存不可或缺的要素。氧氣經過反應之後，最終會形成水，但氧分子轉換為水分子的過程中，會有一瞬間處於反應性極強的狀態，這是進行化學反應時的必然現象。這種高反應性的氧稱為活性氧物質。

　　**➡氧會形成反應性強的狀態。**

## ●自由基

　　除了氧氣之外，還有一類氧化作用很強的化學分子稱為自由基。實際上活性氧、活性氧物質、基（radical）、自由基等名詞各有不同的定義。不過為了便於學習，現在先記得它們都是和氧氣類似、反應性極高的物質就可以了。本書中會統一使用自由基這個名詞進行說明。去除居家黴斑時使用的漂白水（除黴劑），或是自來水、游泳池消毒時添加的次氯酸都屬於自由基的一種。人體內也有自由基，可以想像成體內也有類似殺黴菌漂白水的物質。

　　**➡自由基的反應性極強。**

　　生物以巧妙的方式利用自由基。例如白血球和巨噬細胞就能產生大量的自由基，消化吞噬進入細胞內的異物（入侵人體的病毒、細菌，或是癌細胞等）（p.28）。使用細胞內的自由基殺死吃進來的細菌。清除

浴室牆壁上的黴菌時，噴上消
毒水之後可以觀察到黴斑漸漸
消失。白血球細胞中發生的也
是類似的反應。

　　➡ 白血球的殺菌作用與自由
　　　基有關。

## ● 自由基造成的損傷

　　既然自由基可以殺死細
菌，如果作用在自己體內的細
胞，也會引起各式各樣的細胞

自由基的殺菌效果：漂白水等除黴劑中的
自由基可以將黴菌或細菌全部氧化消滅。

損傷。比較知名的例子包括細胞膜成分中的正常脂質發生過氧化反應造
成的損傷，或是蛋白質或核酸（DNA 或 RNA）遭到變性分解等。除了
直接的損傷之外，有許多情況下物質與自由基反應後，會形成另一種作
用更強的物質，引發二次傷害。有非常多疾病或癌症的產生，或是老
化，都和自由基有很深的關係。除黴清潔劑接觸皮膚，或是誤食時，會
造成很嚴重的傷害，各位想像在人體中也會發生類似的反應就可以知道
其嚴重性了。

　　➡ 自由基作用在自己身上會引起各式各樣的損傷。

　　各位應該知道放射線會引起遺傳物質的異常吧。原因就是細胞內的
氧被放射線轉換為自由基，自由基造成遺傳物質變性（p.208）。農藥
中毒（巴拉松中毒）是因為巴拉松在肺臟中和氧氣反應，產生大量自由
基，引起重度的肺臟損傷。即使沒有接觸放射線或巴拉松中毒，生物只
要使用氧氣就一定會產生自由基，有理論認為這些自由基是造成老化或
細胞癌化的原因。

　　➡ 自由基與老化和癌化有關。

　　呼吸困難的時候會給予氧氣作為治療。但是長時間使用高濃度的氧

# 營火

自由基對生物危害的防禦機制：使用氧氣必定會產生自由基。生物雖然具備自由基的防禦機制，但各部位的能力強弱有別。用營火作為譬喻，如果把燃燒的柴火當作氧氣，那麼噴出的火星就是自由基。

氣反而會造成肺部損傷。人類如果持續呼吸百分之百的氧氣，只要幾天肺臟就會完全喪失功能。因為高濃度氧氣會產生大量自由基，傷害肺組織。因此，如果必須長期使用人工呼吸器時，要儘量避免高濃度的氧氣。

> ➡ **呼吸百分之百的氧氣，形成的自由基會造成肺部損傷。**

脂質通常很容易受到自由基影響而被氧化，氧化後的脂質稱為過氧化脂質。細胞膜由脂質構成，如果其中的脂質變成過氧化脂質，細胞膜

的構造會很容易被破壞，使得細胞整體受損，引起器官損傷。過氧化脂質也會進入血液，造成血管病變和其他器官的損傷。

　　➜ 被自由基氧化的脂質稱為過氧化脂質。

## ●對自由基的防禦機制

　　然而，生物也不會完全放任自由基產生危害，生物體內具有完善的自由基防禦機制。第一種機制是抑制自由基產生，第二種機制可捕捉產生出來的自由基，然後讓自由基變安定，第三種則是修復已經造成的損傷。

　　➜ 生物具有對自由基防禦機制。

　　捕捉自由基使其變得安定的主要方式是使用還原劑（也就是抗氧化劑）。最著名的是過氧化氫酶（將過氧化氫分解為水和氧）、過氧化物歧化酶（去除過氧化物的活性，簡稱SOD）等酵素，維生素C和維生素E也具有還原劑的作用。除了還原劑之外，血液中的血紅素、膽紅素、尿酸、白蛋白等物質也能夠去除自由基。紅酒中含的多酚類物質也具有還原作用，因此理論上來說，紅酒可以抑制自由基的損傷，預防癌症或老化。但也不可以武斷地光憑這一點就下結論認為只要喝紅酒就能長壽。

　　➜ 具有還原作用的物質可以減輕自由基的傷害。

physiology **35**

令人一目了然的影像診斷

# 放射線的醫學應用

## ● 電磁波的種類

　　X光在醫學領域中具有診斷和治療兩種用途。各位應該很熟悉在健康檢查時進行的胸部X光攝影和牙科治療的X光攝影。X光屬於一種電磁波，與光線和無線電波相同。由於具有波的性質，所以電磁波可用波長加以分類，各自具有不同的特性，波長由長到短分別為無線電波＞紅外線＞可見光＞紫外線＞X光（圖1）。

　　➡ X光和可見光同屬於電磁波。

　　將金屬棒放入火中，例如將撥火棒放進炭火中，撥火棒會被燒紅，這時候把熾熱的撥火棒拿出來觀察，可以發現什麼呢？首先，把手靠近撥火棒，應該會感覺到熱，此外也可以看見撥火棒發出紅光，這些現象代表什麼？感覺到熱，表示撥火棒在發熱，看見紅光，表示撥火棒在發

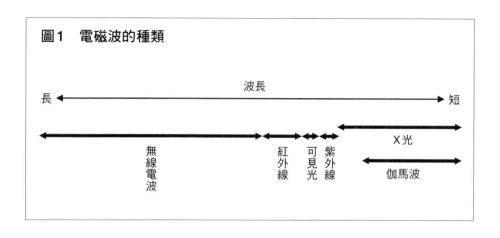

**圖1　電磁波的種類**

光。將撥火棒放入炭火中的動作，將能量給予了撥火棒。換言之，將能量給予撥火棒，可以讓撥火棒發光發熱。撥火棒發出的紅光屬於電磁波，也就是說，將能量給予撥火棒，可以讓撥火棒發出和X光同類的電磁波。

**➡ 將能量給予撥火棒，可以讓撥火棒發出可見光電磁波。**

## ●產生X光的機制

　　X光機中產生X光的裝置，其原理和燒紅撥火棒是一樣的。加熱金屬棒可以產生紅光電磁波，將數萬伏特的高壓電通過特殊金屬製作的電極可以產生X光電磁波。如同將撥火棒放入火中，通過高壓電也是一種給予能量的方式。電壓愈高，產生的X光波長愈短。

**➡ 將電通過特殊金屬製作的電極可以產生X光電磁波。**

　　所有的物質都由「原子」構成。各位應該聽過氫原子、氧原子、碳原子等等吧？原子由電子圍繞著原子核旋轉構成。原子核又由正子和中子集合而成。原子的種類由正子的數目決定，氫有一個正子、碳有六個、氧有八個，正子的數目稱為原子序。原子核周圍環繞的電子數目與正子數目相同（圖2）。

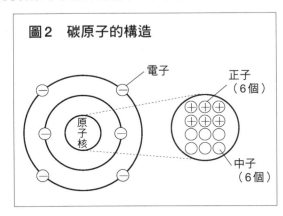

圖2　碳原子的構造

電子
正子（6個）
原子核
中子（6個）

**➡ 原子由電子圍繞著原子核旋轉構成。**

　　X光和伽馬波屬於波長短的電磁波。高能量下電子發出的電磁波就是X光，原子核發出的電磁波則是伽馬波。也就是產生電磁波的位置不同，但都會產生電磁波。X光機中產生X光的裝置是藉由電流（電子流）給予環繞在原子核周圍的電子能量，繼而發出電磁波（X光）。而鐳等

物質本身就具有極高的能量，所以會從原子核發出電磁波（伽馬波）。可以想像被燒得通紅的石塊，可能需要數萬年才會慢慢完全冷卻。

➜ **電子發出的電磁波稱為 X 光，原子核發出的電磁波稱為伽馬波。**

## ●單純 X 光攝影

X 光攝影的原理是用 X 光照射人體，穿透過人體的 X 光會讓螢光物質發光，再用底片與照相機拍攝螢光物質發出的光。並不是直接用 X 光讓底片感光。人體各個部位可以穿透的 X 光量都不同，這些差異就構成了影像。

X 光可穿透的多寡與物質的組成成分和密度有關。原子序小的元素以及密度低的物質會有較多 X 光通過，由此可知，人體的通過量為空氣＞水＞骨骼。人體的組成以水占大部分，一般器官、肌肉、血管的主成分也是水（氫和氧），所以在 X 光攝影中看起來幾乎是一樣的。但是骨骼的主成分是鈣（原子序 20），而且密度很高，所以 X 光片上可以清楚地看見骨骼的影像。肺臟中含有大量空氣，所以肺部血管影像會被凸顯出來。發生肺炎時，病灶的部分水分較多，肺結核則會造成空洞，只剩下空氣，這些變化都可以在影像中輕易看出。

➜ **X 光容易通過的順序是空氣＞水＞骨骼。**

大家都知道 X 光的穿透力很強，那麼各位是否認為 X 光可以輕易通過人體呢？實際上，用於診斷的 X 光穿透力並沒有那麼強。以水來說，2 公分厚的水大概只有一半的 X 光可以穿過，換句話說，X 光通過 2 公分厚的水之後就會減少一半。穿過 4 公分厚的手臂之後減少到剩下四分之一，穿過厚 20 公分的腹部之後就只剩下二分之一的十次方，也就是只有大約一千分之一的 X 光可以穿透腹部。所以用於醫療的攝影系統必須要能拍攝出降低到千分之一的 X 光。

➜ **診斷用的 X 光穿透力並不太強。**

## ● 顯影術

胃部與其周邊組織的主成分也一樣是水，所以用X光攝影沒辦法直接拍攝胃部的影像。喝下X光難以穿透的物質之後，就能呈現出胃部的形狀並加以拍攝，這種方式就稱為顯影術。X光難以通過的物質稱為顯影劑。原子序越高的元素，X光越難通過，顯影劑的主成分是鋇（原子序56）與碘（原子序53），都是原子序高的元素。

消化道顯影通常使用鋇化合物，也就是胃部檢查經常要喝的白色液體。肺部以外的組織，其血管和周邊組織的主成分都是水，所以直接拍攝時很難呈現血管的影像。為了觀察血管，就必須在血管內注入顯影劑，以呈現血管的形狀。血管顯影術使用碘化合物進行。鋇顯影劑不溶於水，所以不能注入血管。懷疑患者發生癌症時，進行血管顯影可拍攝出癌組織特有的血管影像，藉此診斷癌症。

X光很難穿透鉛（原子序82），所以會使用鉛來遮蔽X光。

➔ 藉由顯影術可呈現消化道或血管的形狀。

## ● X光電腦斷層攝影

普通X光攝影是拍下一張X光穿透人體的影像。當胸部正面的X光片發現異物時，雖然可以知道異物位於左側或右側，但光憑一張正面的照片無法得知異物的前（接近腹部）後（接近背部）位置。此時再從側面拍攝一張照片，就能知道前後位置。如果需要知道更精確的位置和形狀，就還要再從45度斜角拍攝一張照片。如果需要更精準的資訊時，該怎麼辦呢？其中一種方式是一面旋轉一面由所有的角度一張一張拍攝，涵蓋所有方向拍下180張照片。再用電腦將所有方向的影像組合在一起，合成極為精細的人體影像。除了可以獲得人體的剖面影像之外，也能產生人體內部的3D立體影像。除了骨骼之外，也可以分別描繪出脂肪、肌肉、血管、器官等。這種方式稱為X光電腦斷層攝影（圖3），為醫學診斷帶來了革命。這種技術的原理在1950年代由日本人提

出，但是到了1970年代才由英國人實現。隔了這麼久是因為合成影像需要以電腦進行複雜的計算，直到1970年代電腦科技才發展到可以完成的地步。X光電腦斷層攝影至今仍持續改良，日新月異，不斷研發出尖端的新型機器（第207頁 圖6）。電腦斷層攝影的英文是computed tomography，簡稱CT。

→ **使用X光電腦斷層攝影可獲得身體的剖面影像。**

**圖3　腦部的X光電腦斷層攝影**

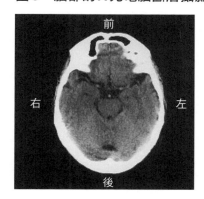

（圖片由東海大學灰田宗孝博士提供）

## ●MRI

MRI（magnetic resonance imaging，核磁共振影像）也能獲得與X光電腦斷層攝影類似的影像（圖4），不過MRI影像並未使用放射線，而是將人體放在非常強的磁場中。此時施以特定頻率的電磁波，可以讓構成人體的氫原子產生共振，藉由氫原子共振的強弱描繪出影像。MRI可以呈現組織細微的變化，患者也不需要接觸放射線，但是儀器比X光電腦斷層攝影昂貴。昂貴的原因是必

**圖4　腦部MRI影像**

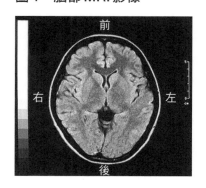

（圖片由東海大學灰田宗孝博士提供）

須使用超導體電磁鐵以產生檢查所需的強力磁場。

→ **MRI使用磁鐵獲得人體的剖面影像。**

## ●核子醫學檢查與PET檢查

將微量可發出放射線的物質（放射性同位素radioisotope，簡稱RI）注入體內，再使用放射線專用的相機拍攝，可以獲得癌症病灶或是

肝臟、心臟等部位的獨立影像，稱為核子醫學檢查。

在核子醫學檢查中，有一種新的診斷方式簡稱為PET（positron emission tomography，正電子放射斷層攝影），投與可發出正電子（positron，帶有正電荷的電子）的放射性同位素，獲取同位素在體內分布情況的影像。能有效診斷腫瘤的性質（惡性程度）、轉移、病灶復發。使用PET也能將腦部的活動程度以影像表示，比如說，進行計算時左腦呈現紅色、聽音樂時右腦呈現紅色等。PET的價格又比MRI更高。

➡ 使用PET可了解腦部的活動程度。

## ● 超音波檢查

之前介紹聽覺（p.110）的時候，我們曾說過聲音是一種振動。人體中，每種器官或組織傳導聲音的型態具有些微的差異。超音波（頻率極高的聲音）檢查就是利用這樣的聲音差異描繪出身體的剖面影像。原理和漁業使用的魚群探測器相同。因為是檢查聲音的反射情況，所以又被簡稱為echo（回音）。聲音接觸身體表面後，無法傳入空氣或固體，所以超音波只能檢查肺、腸（兩者都含有空氣），以及骨骼以外的器官。

**圖5　膽囊超音波影像**

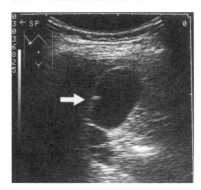

▶ 可以看見膽囊中的小息肉（箭頭處）。（圖片由東海大學岩田美郎博士提供）

其中用於心臟、肝臟、膽囊（圖5）、子宮的檢查最能發揮功效。超音波檢查最大的特點是沒有嚴重的副作用，因為是以音波進行照射。

➡ 超音波檢查使用聲音獲得人體的剖面影像。

## ● 影像診斷

進行血液檢查時，通常是檢驗血液中各種物質的含量，檢查的結果以「數值」表示，例如血糖值100mg/dL或是AST 30 unit/L等。但是單

## 圖6　單純X光攝影、X光電腦斷層攝影、MRI影像的不同判讀方式

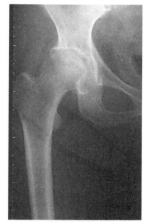

[單純X光攝影]

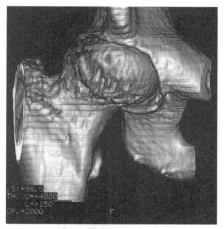

[X光電腦斷層攝影]

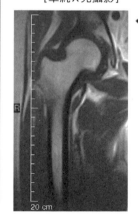

← [MRI]

這三張照片使用三種不同的方式拍攝同一位患者的右側股關節。X光電腦斷層攝影與圖3（p.188）的單純剖面不同，而是針對骨骼的部分進行3D立體重建。（圖片由岡部醫院提供）

純X光攝影、X光電腦斷層攝影、MRI、超音波等檢查的結果是「影像」。所以X光檢查、MRI、超音波檢查等項目又稱為影像診斷（圖3～圖6）。在醫療領域中，影像診斷具有很重要的地位，技術不斷有令人驚嘆的進步。

➡ 影像診斷包括單純X光攝影、血管顯影、X光電腦斷層攝影、MRI、超音波檢查等。

## ● 放射線治療

　　放射線對細胞會造成損傷。一般認為是因為放射線會讓細胞內產生自由基，自由基傷害細胞所導致（p.198）。遺傳物質特別容易受到這種傷害。以大量放射線照射細胞，細胞會死亡，因此可以利用放射線殺死癌細胞，這就是癌症放射線治療的原理。隨著癌症的種類不同，對放射線的抵抗力也有強弱之分，和癌症組織內的氧氣濃度有關。當然，對放射線抵抗力較弱的癌症，進行放射線治療就會比較有效。進行放射線治療時需要小心處理的重點在於讓放射線集中在癌症組織上，盡可能減少對正常組織的影響。可作為治療的放射線除了伽馬波這類電磁波之外，還有電子束、正子束、重子束等特殊放射線。

　　➡ 癌症放射線治療是使用放射線消滅癌細胞。

physiology **36**

手機對心律調節器的影響

# 電磁波與醫療器材

## ● 磁場對生物體的影響

　　磁場對生物體有何影響，目前還無法作出定論。磁場可分為穩恆磁場和交變磁場兩種。通常比較有機會接觸到的強力穩恆磁場就是MRI（p.205）。將頭部放入MRI更強數倍的磁場（一般人不太可能會遇到）中，會引發暈眩並感覺口中有金屬味。可能是因為頭部的動作導致腦內產生感應電流（弗萊明右手定則的原理，如果原先沒聽過這個名詞可以暫時不必深究，沒有關係）。除此之外則沒有任何恆穩磁場對人體造成影響的資料。比起磁場本身的影響，如此強力的磁場會吸引金屬或磁鐵飛起，反而要比較小心被金屬物體砸傷。磁力可是強到會讓螺絲起子、氧氣筒等飛起來。交變磁場對人體的影響則還不明確。具有代表性的項目包括高壓電線或是家電用品附近的變動磁場等。有報告指出住在高壓電線旁的居民罹患白血病的比例略為升高，但還沒有明確的科學數據可以證明變動磁場具有致癌性。

　　➡ 磁場對生物的影響目前尚未有定論。

## ● 心律調節器與磁鐵

　　心律調節器是一種電子儀器，一般植入置於左胸部上方、鎖骨附近的皮下位置（圖1）。因為是整個放在身體裡面的器材，所以植入後如果需要調整心跳速率等數值時，就必須用磁鐵進行調整。將一小顆強力磁鐵放在左胸心律調節器植入位置的皮膚上，就可以更改設定數值。因此，裝置心律調節器的人絕對禁止接觸強烈磁場，以免心律調節器功能

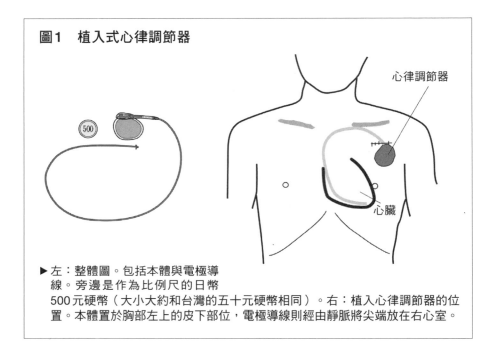

圖1　植入式心律調節器

▶左：整體圖。包括本體與電極導線。旁邊是作為比例尺的日幣500元硬幣（大小大約和台灣的五十元硬幣相同）。右：植入心律調節器的位置。本體置於胸部左上的皮下部位，電極導線則經由靜脈將尖端放在右心室。

異常。裝置心律調節器的人也不可以接受MRI檢查。

➡ MRI檢查禁用於裝置心律調節器的患者。

### ● 手機與醫療器材

　　日本的電車上經常會廣播「請關閉手機電源以免對心律調節器造成不良影響」。但是手機真的會影響心律調節器嗎？心律調節器是電子儀器，手機會發出電磁波，強力電磁波確實有可能會讓電子儀器的功能異常。但是實際上心律調節器本身具有電磁波的防衛措施，只要不是過度貼近手機，應該不會發生異常。換句話說，即使坐電車時對面的人使用手機，心律調節器仍舊是安然無虞的。但是心律調節器一般是植入在左胸鎖骨附近的皮下，所以如果把手機放在左胸前的口袋，或是在擁擠的電車上左胸部直接接觸其他人放在包包裡的手機，還是有發生異常的可能性。

➡ 心律調節器靠近手機時，有產生異常的風險。

　　我們的身邊環繞著許多會發出電磁波的物品，不光只有手機而已，例如電磁爐、電鍋、電熱水器、汽機車的引擎、電動麻將桌、機場的金屬探測器、商店出入口的防盜警報器等。為了安全起見，心律調節器的使用者最好儘量遠離這些物品。有些商家會把防盜警報器隱藏起來，要特別注意。除了心律調節器之外，所有使用電力的醫療器材都是電子儀器，都會受到電磁波的影響。醫療器材異常可能直接影響患者的生命安全，因此在醫院內應儘量減少使用手機等會發出電磁波的機器。

➡ 手機具有導致醫療器材產生異常的風險。

**MEMO**　器 官 移 植 與 人 工 器 官

日本的器官移植治療遠不如歐美國家興盛。日本人在心理上似乎比較能夠接受人工器官（p.88），也許這是民俗性的差異。例如，希臘神話中的飛馬就像是把鳥的翅膀移植到馬身上，可以說是器官移植。但日本神話裡的天女是用羽衣飛在天上，可以說是人工器官吧。我認為也許是歐美國家和日本這樣根本上的深層歷史淵源差異，導致日本無法順利推行器官移植治療。

# 參考文獻

‧ 用插圖學生理學，田中越郎，醫學書院，1993 年
‧ 圖解生理學第二版，中野昭一編，醫學書院，2000 年
‧ 蓋頓臨床生理學（原文第九版），Arthur C. Guyton，早川弘一審譯，醫學書院，1999 年
‧ 醫科生理學展望（原文第十九版），William F. Ganong，星猛羅譯，丸善，2000 年
‧ 牛津生理學，Gillian Pocock，植村慶一審譯，丸善，2001 年
‧ 標準生理學第五版，本鄉利憲，廣重力編審，豐田順一編，醫學書院，2000 年
‧ 追本溯源！「推翻錯誤用語」醫學詞彙『解剖圖鑑』，小川德雄 / 永坂鐵夫著，診斷與治療社，2001 年

# 索 引

## 《十劃》

| 知的！106 | 圖解生理學 |
|---|---|

| | |
|---|---|
| 作者 | 田中越郎 |
| 譯者 | 蕭珮妤 |
| 編輯 | 吳雨書 |
| 校對 | 吳雨書 |
| 封面設計 | 柳佳璋 |
| 美術編輯 | 黃偵瑜 |

| | |
|---|---|
| 創辦人 | 陳銘民 |
| 發行所 | 晨星出版有限公司<br>407 台中市西屯區工業 30 路 1 號 1 樓<br>TEL：04-23595820　FAX：04-23550581<br>行政院新聞局局版台業字第 2500 號 |
| 法律顧問 | 陳思成律師 |
| 初版 | 西元 2016 年 12 月 30 日 |
| 再版 | 西元 2021 年 09 月 01 日（四刷） |

| | |
|---|---|
| 讀者服務專線 | TEL：02-23672044 / 04-23595819#230<br>FAX：02-23635741 / 04-23595493<br>E-mail：service@morningstar.com.tw |
| 晨星網路書店 | http：//www.morningstar.com.tw |
| 郵政劃撥 | 15060393（知己圖書股份有限公司） |
| 印刷 | 上好印刷股份有限公司 |

定價 290 元

（缺頁或破損的書，請寄回更換）
ISBN 978-986-443-205-9
《SUKININARU SEIRIGAKU》
© ETSURO TANAKA 2003
All rights reserved.
Original Japanese edition published by KODANSHA LTD.
Complex Chinese publishing rights arranged with KODANSHA LTD.
through Future View Technology Ltd.
本書由日本講談社正式授權，版權所有，未經日本講談社書面同意，
不得以任何方式
作全面或局部翻印、仿製或轉載。
Published by Morning Star Publishing Inc.
Printed in Taiwan. All rights reserved.
版權所有・翻印必究

國家圖書館出版品預行編目資料

圖解生理學／田中越郎著；蕭珮妤譯 . —— 初版 .
—— 臺中市：晨星，2016.12
面；公分 . ——（知的！；106）

譯自：好きになる生理学

ISBN 978-986-443-205-9（平裝）

1.人體生理學

397                                        105020515

407
台中市工業區 30 路 1 號

# 晨星出版有限公司
### 知的編輯組

## 更方便的購書方式：

(1) 網站：http://www.morningstar.com.tw
(2) 郵政劃撥　帳號：15060393
　　　　　　戶名：知己圖書股份有限公司
　　請於通信欄中註明欲購買之書名及數量
(3) 電話訂購：如為大量團購可直接撥客服專線洽詢

◎ 如需詳細書目可上網查詢或來電索取。
◎ 服務專線：02-23672044　傳真：02-23635741
◎ 客戶信箱：service@morningstar.com.tw